U0061482

哦，生命之樹，哦，何時入冬？
我們不協調。不像候鳥
熟悉四季。我們總是落伍，
這才遲遲地突然投入風中，
棲息在冷漠無情的湖面。
我們同時意識到花開與枯萎，
而在某個地方，獅子仍在行走，
只要雄風猶存，便不知何謂孱弱。

——節錄：里爾克（Rainer Maria Rilke）
《杜伊諾哀歌之四》（*Duino Elegies*）

尋牠

香港野外動物手札

葉曉文　繪著

序

沒有刻意覓尋，或根本不能尋，有別於植物的不遷，鳥獸是流動的能量。在牠們面前人類既粗心又遲鈍，彼此即使遇上，往往也只是匆匆一瞥。

初春某日，為了多了解野外動物的生活感受，我決定獨自前往大帽山，在溪澗分源位置露宿一宵——日落以後大帽山大概只有十度，我藏匿睡袋中，時刻帶著警戒。其實鳥兒攀枝、蛇蛙鑽進石洞就睡，大概都是隨隨便便；我曾聲稱自己是隻「感情動物」，說到底還是有人的恐懼，任憑如何逞強，始終抹不掉女性懦弱，黑暗來臨之前，意識到孑然一身，最終還是在澗邊怕得哭哭啼啼。

醒來兩次，做了三個城市的夢，鑽出睡袋時天已亮。太陽照常升起，仰泳蝽依舊仰泳，米蝦如常在水裡載浮載沉，是何等輕鬆悠閒……我失神地返回文明，終於醒悟到：即使如何親近大自然，我也只是過客，動物卻是確切落戶的原居民。

孟子說：「君子之於禽獸也，見其生，不忍見其死。」人有惻隱，對動物有憐憫和責任。人禽之別在於「智慧」和「同理心」，體現的大概不是「征服」的能力，而是「負責任」的能力。

我卻一再看到憾事——野生龜類被貪婪的人們設籠捕捉；路邊有遭人為殺死的蛇；這邊廂具經濟價值的鸚鵡及貓頭鷹幼鳥被盜走；那邊廂鷺鳥林被粗暴修剪，修剪者對巢中雛鳥的尖叫聲置若罔聞！家養的貓狗被遺棄於野外；失業的牛流離浪蕩，咀嚼人類輕率留下的垃圾……

讀到《動物農莊》（*Animal Farm*）令人反省的一段：「人是唯一只消費不事生產的生物。人不會產乳，也不下蛋；太孱弱拖不動犁，跑太慢連兔子都抓不到。但人卻是所有動物的主宰。」作為地球上擁有最高智商的生物——人類（*Homo sapiens*），有責任維持環境和生態系統的平衡，現在過度虛耗資源之餘，竟也侵擾其他物種的安寧，對自然帶來不可逆轉的破壞，這種自私自利，怎不教人羞恥臉紅？

葉曉文

二〇一七年九月

目錄

哺乳類

鳥類

兩棲及爬行類

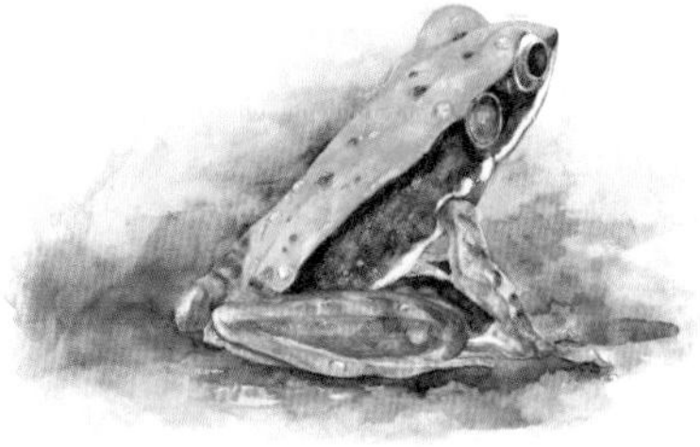

哺乳類
馬鞍山

赤腹松鼠 Red-bellied Squirrel

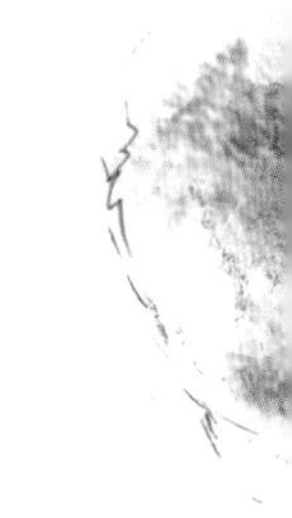

學名	*Callosciurus erythraeus*
種類	哺乳類
科名	松鼠科(Sciuridae)
來源	外來
香港分佈	廣泛分佈於香港
世界分佈	印度、緬甸、泰國、馬來半島、印支半島,中國東南部及台灣。
保育狀況	受野生動物保護條例(第170章)保護

訪嘉道理農場，跟植物畫家 Mark Isaac William 見面。人稱「Mark 叔」的他是位作風低調的外國老先生；經常沉潛在小屋子裡，以水彩及鉛筆繪畫盛放的蘭花。我從未認識過如此認真的植物畫家（Botanical artist），便把握機會向他請教。

撫摸他所用的厚畫紙，把玩橡皮……還有桌面那一副從牙醫處拿來的、能夠掛在額角的放大鏡；戴上後，連唇瓣上的精緻花紋和蕊柱的精巧結構也能看清。我翻著他的作品逐張細看：草稿要如何畫？畫筆如何拿？花與葉的上色次序如何？午後的室內滿載畫家間的對話，作為後輩的我獲益良多。

從小屋子走出來已是黃昏，冷不防在旁邊梯級上看到一隻肚腩紅紅的小松鼠正在吃榕果。

赤腹松鼠並非本土原生，乃由外地引入的品種；第一個族群也許來自被遺棄或逃走的寵物，及後在香港野外大量繁殖及建立族群。牠們背部棕色，腹部橙色並擁有毛茸茸的長尾巴。赤腹松鼠以植物的果實、種子、嫩葉為主食；愛整潔，前肢不時拍打或梳洗皮毛。

牠們的手指及腳趾上長有粗爪，使其在樹間來去自如；經常整隻倒吊，頭下尾上地，用牙齒切入樹皮，再一點點向上撕扯。由於赤腹松鼠把撕扯樹皮作為玩耍方式，因此被不少園藝管理者視為「不速之客」。雖然佻皮，但牠們與大部份野生動物一樣懼怕人類，當發現有人接近時會迅速逃逸。

後來在夏季八月上旬、白桂木果實成熟泛黃的季節裡，我再次遇上可愛的赤腹松鼠。牠小小的身影猶豫地在樹枝上緩慢前進，於是我舉起相機靜寂地從樹間偷拍……牠起初發出低沉的咯咯聲跟同伴溝通，後來終於發現我了，四目交投之際，轉成一種高頻音階，不斷向我呼叫。

嗨，你在跟我說話嗎？

印支林鼠
Indochinese Forest Rat

學名　*Rattus andamanensis*

種類　哺乳類

科名　鼠科（Muridae）

來源　原生

香港分佈　非常常見，廣泛分佈於香港各郊區。

世界分佈　華南、越南、老撾、柬埔寨、泰國、緬甸、印度、不丹、尼泊爾及安達曼群島。

起初我路過，牠立刻跳進叢中，但沒走遠。我站定，拿出背包裡的相機；接著牠竟然對我毫無顧忌地主動靠近！走進我一米範圍內，以一雙小手推翻泥土，尋找裡面的果實或小蟲子。不一會牠真的捧著什麼來吃，大概是美味的果實，進食時一臉幸福，雙眼輕輕瞇著。

印支林鼠是一種郊區常見的大型鼠類；皮毛主色為灰棕，腹部呈白至米白色，上下皮毛有鮮明邊界；尾巴深灰，略長於頭至軀幹長度；趾墊肉特大，呈深灰，有深條紋。

一般人不大喜歡鼠類，認為牠們是流行病病菌的攜帶者，傳播鼠疫、霍亂等人畜共患的傳染疾病。事實上牠們對維持森林生態平衡具有不可忽視的作用。林鼠以植食為主，但牠們也會取食昆蟲及其他節肢動物，從而降低害蟲對樹林的危害。另外，牠們也會儲藏植物種子，意味著能使種子擴散傳播，促進樹林健康。

雖然說來有點可怕，但由於鼠肉是一種高蛋白、低脂肪食品，中國自古就有吃鼠的記錄。在中國古代的史學名著《戰國策．應侯曰鄭人謂玉未理者璞》一段中更記載了周人販賣乾鼠肉的事。

我以前養過「熊仔鼠」，也就更不抗拒了。一隻叫「貓貓」，一隻叫「BB」，最喜歡吃生果，諸如提子、蘋果。牠們會以雙手捧起食物，咀嚼時雙睛瞇起來慢慢享受，看著非常治癒。

有一些漫畫也以倉鼠作主角，最出名莫過於《哈姆太郎》。主角哈姆太郎是隻充滿好奇心的黃金鼠，由就讀小學五年級的女孩子春名露子飼養，牠每天都從家中偷溜出去和好友們一同玩耍，甚至結伴到處探險。動畫極受歡迎，甚至分成五輯分期播放；我有段時間教授兒童畫，哈姆太郎及其倉鼠朋友們曾是孩子們爭相繪畫的熱門對象。

果子狸

Masked Palm Civet

學名	*Paguma larvata*
種類	哺乳類
科名	靈貓科 (Viverridae)
來源	原生
香港分佈	廣泛分佈於大嶼山及新界西北以外之香港各郊區
世界分佈	孟加拉、緬甸、柬埔寨、印度、印尼、日本、老撾、馬來半島、尼泊爾、巴基斯坦、新加坡、泰國、越南、中國大陸及台灣。
保育狀況	受野生動物保護條例 (第 170 章) 保護 Fellowes *et al.* (2002) : 潛在區域性關注

夜了。也許因為心底恐懼，也許因為漆黑使視覺失效，我集中力大增，對叢林的躁動和一切聲音變得極為敏感。高處樹冠忽然晃動把我嚇得彈起！還以為是猴子，卻是一隻果子狸藏身於樹冠中，正在尋覓成熟的青果榕果實。

果子狸體長五十至七十六厘米，是體型較大的靈貓科動物。身體棕色，頭部黑色，上額至鼻端間有明顯的白色帶紋，因此有俗名叫「白鼻心」。果子狸白天睡眠於中空的倒木或石洞中，夜間覓食。牠有敏銳的夜視能力，用靈巧的前肢和牙採食各類果實，如榕果、酸棗、柿子等，偶然也捕食青蛙、昆蟲等小動物。

果子狸主要以百果為食，肉質鮮美，古時野生甚多，甚至被人們當作獵食的對象。中國已有長時間食用果子狸的歷史，清朝李斗的筆記《揚州畫舫錄》寫道：「上買賣街前後寺觀皆為大廚房，以備六司百官食次……假豹胎、蒸駝峰，梨片伴蒸果子狸。」更是記載了當時烹煮果子狸的方法。

儘管不少野生動物已受國家法例保護，儘管市面上已有林林總總的肉類可供選擇，但仍有不少貪圖口腹之慾、破壞生態平衡的人捕殺獵食野生動物。事實上，食用野生動物會帶來疫病風險，對公共衛生安全構成嚴重威脅。而根據法例，果子狸在香港屬受保護野生動物，任何人捕獵可被判罰款十萬元及監禁一年。

但我還是想起六、七歲時跟父母參加內地旅遊團，其中有個重大節目叫「吃野味」。旅行團來到一家菜館，門前鐵籠子裡困鎖著狗、貓，也有果子狸，旁邊膠筒內有隻大鱉作出徒勞的最後掙扎（據說牠將會被煮成藥膳鱉鍋）。我們這些小孩子被分配吃雞鴨魚之類的正常菜式；大人們則坐在神秘的另一桌，喝著黃酒。我沒有刻意追問他們到底吃了什麼，但隱約聽到他們說吃了兔肉鍋，吃了「娃娃魚」——還說娃娃魚在夜裡會像嬰兒似的「哇哇」慘哭——我側著耳朵聽得森森然，像聽恐怖的鬼故事。

紅頰獴
Small Asian Mongoose

學名	*Herpestes javanicus*
種類	哺乳類
科名	獴科（Herpestidae）
來源	或爲外來種
香港分佈	頗爲廣泛分佈於新界郊區
世界分佈	主要分佈於伊朗、巴基斯坦、印度、緬甸、泰國、中南半島、馬來半島等地。
保育狀況	受野生動物保護條例（第170章）保護

香港地處東亞—澳大利西亞候鳥遷徙航道（**East Asian–Australasian Flyway, EAAF**）上，每年均有大量候鳥留港過冬，或途經香港再往南飛往東南亞及澳洲。米埔后海灣濕地位於香港西北面，佔地一千五百公頃，於一九九五年獲《拉姆薩爾公約》劃為「國際重要濕地」，是公認的重要候鳥越冬棲息點及中轉站。

米埔自然保護區也是香港最大的紅樹林區，孕育著許多濕地動植物。為了使保護區內動植物的干擾減至最低，米埔保護區已被列入《野生動物保護條例》的「限制進入地區」，任何未有許可證而進入或逗留的人，一經定罪可被判罰款。在秋冬觀鳥季節，如遊客希望經邊境禁區前往「浮橋」盡處的觀鳥屋觀賞泥灘上的雀鳥，除了要出示「許可證」，更須向警務署申請有關地區的「邊境禁區通行證」。

除了鳥類，米埔也有不少有趣動物，例如紅頰獴。中國僅有兩個獴科品種，兩種在香港都有記錄，紅頰獴是其一（另一種是食蟹獴）。根據漁護署資料，紅頰獴是近年才在香港被記錄到的哺乳類動物，可能來自香港鄰近地區，因擴展自然分佈範圍或被人蓄意放生，而在本港形成群落。牠們是體型細小的獴科動物，體長四十厘米；頭骨尖長，眼睛、耳朵細小，身披褐棕色的濃密皮毛，尾部像個小刷子。

紅頰獴四肢短小，愛在日間出沒，也不害羞怕人，是較易遇見的本地哺乳類動物。在米埔的魚塘邊，我曾不止一次見到牠矯健的身影。牠們吃昆蟲、鳥蛋、鼠類、青蛙等，更對毒物無畏無懼，勇於捕捉毒蛇和蜈蚣，甚至連劇毒的眼鏡王蛇也不放過！

米埔景致怡人，是野生動物們安居落戶的好地方。和風輕吹，蘆葦的花葉落進水裡，為小魚小蝦提供食糧；茂密的田邊叢林旁，你也總能窺見禽鳥棲息。五時許，已向晚，天色漸暗。我坐在觀鳥屋中，忽然一隻猛禽驚起泥灘上千隻小鳥，在黃昏的天空順時針飛翔，傳來遙遠的叫聲。泥灘那麼廣闊，人類那麼渺小；牠們顯然是自然的居民，而我只是過客。

獼猴
Rhesus Macaque

學名	*Macaca mulatta*
種類	哺乳類
科名	猴科(Cercopithecidae)
來源	外來
香港分佈	主要分佈於金山、城門及大埔滘;馬鞍山、西貢、大欖郊野公園及北區亦有記錄。
世界分佈	中國、阿富汗、印度到泰國北部。
保育狀況	受保護瀕危動植物物種條例(第586章)保護 受野生動物保護條例(第170章)保護 中國紅皮書:易危

香港的獼猴不好惹，牠們連高大的外國人也不怕，一跑一躍，就擒到別人的背包上。我尤其害怕金山及城門一帶的猴，聯群結黨「蝦蝦霸霸」的樣子真像一隊小惡霸。

腦中浮現上星期在城門水塘的難忘經歷：行山前先吃東西「是常識吧」，於是，在前往城門水塘的專線綠色小巴上，我埋頭吃了味道不錯的腸粉，下車時走向垃圾筒，忽然有人從後拍了我背脊一下，以為是同行友人呼喚我，正要轉身，突然玉手再被拍打一下！原來是城門猴子來搶劫！牠們早把我手中的垃圾扒走，飛奔到對面馬路，坐在路邊把發泡膠盒子翻來覆去。

從《新安縣志》及 **Robert Swinhoe** 於一八七〇年所發表的報告可知，獼猴在香港境內已棲息一段長時間。但原生獼猴相信經已絕跡，現存族群是的一九一〇年初再引入個體的後代。現時可找到的品種為獼猴、長尾獼猴（*Macaca fascicularis*）及牠們的雜交種，體長約五十厘米，主要分佈於金山、獅子山及城門郊野公園內。牠們多群居山林中，喧嘩好鬧；食物為植物的花果、葉、根及樹皮，也會捕食昆蟲。

以前人們在水塘周圍放養猴子，為什麼？傳說在第一個水塘：九龍水塘興建期間，有人發現附近長有很多結橙色果實的小灌木。不是小桔，而是誤服可致命、香港四大毒草之一的馬錢！獼猴本身不受其毒性所害，人們遂放生獼猴吃掉有毒果實，以保食水安全。然而再細心想想，獼猴吃了馬錢果實後，又會把種子亂吐傳播，因此「放養獼猴食盡馬錢」的成效也成疑了。

素來也有古典文學提及「獼猴」。西漢淮南小山為了游説山中隱士（王孫）歸來，寫下《招隱士》之句：「獼猴兮熊羆，慕類兮以悲」，其意是説山中群獸尚且喜歡群居而厭惡孤獨，為尋找同類而悲鳴，何況人呢？藉此勾起隱士的孤獨心理，勸誘隱士盡快歸巢。

赤麂
Red Muntjac

學名 *Muntiacus muntjak*

種類 哺乳類

科名 鹿科(Cervidae)

來源 原生

香港分佈 廣泛分佈於香港各郊區

世界分佈 中國、孟加拉、不丹、緬甸、柬埔寨、印度、老撾、馬來半島、尼泊爾、巴基斯坦、斯里蘭卡、越南、蘇門答臘、婆羅洲、峇里島、龍目島及部份印尼屬小島。

保育狀況 受野生動物保護條例(第170章)保護
Fellowes *et al.* (2002):潛在區域性關注

曾在大帽山一帶多次聽到悲悽的「狗吠聲」，便停下來，四處找尋。並不懼怕野狗會衝出來咬人，因為那根本不是狗叫，而是赤麂獨特的叫聲。

赤麂是本港受保護的野生動物；體長一米，肩高五十至五十五厘米。牠們面部狹長，身體精壯，四腳細長，善奔跑，全身有亮澤短毛，背部呈栗褐至黃褐色，腹部乳白色。雄麂有突出上顎的犬齒，頭上並有小角，角冠基部份出一小枝，角柄前方有黑色縱紋；雌性則無角。牠們眼下長有發達的眶下香腺，能分泌香油，留下味道以「宣示主權」。

赤麂除了交配季節，一般獨居。牠們個性謹慎，多在夜間、清晨及黃昏覓食，白天隱蔽在灌叢中休息。主要以野果及幼葉為食糧；類近牛羊，赤麂也是森林中的反芻動物，能將胃內食物倒流回口腔內再次咀嚼。受驚時能發出極為響亮的、類似狗吠的叫聲，故又俗稱「Barking Deer」（吠鹿）。

赤麂極膽小，稍被驚動即狂奔疾馳；心臟也弱，曾有受傷赤麂誤墮引水道，消防員追逐一番後終將之救回路邊，豈料竟被活活嚇死。野狗是赤麂的主要天敵。某次走大嶼山看到一頭剛死去的年幼赤麂，眼睛仍然鮮亮，後腿及尾部被咬去，相信也是野狗所為。要見野生赤麂並不容易，想看的話，建議到大埔嘉道理農場去，那裡有幾頭熱情的赤麂，會以濕潤的鼻子哄你逗你。

文學上，早於先秦古籍《山海經．中山經》已有「麂」的記錄。明朝李昌祺的文言短篇小說《剪燈餘話．聽經猿記》曰：「萬片霜紅照日鮮，飛來階下覆苔磚。等閒不遣僧童掃，借與山中麂鹿眠。」落花非是無情物，化作春泥更護花，風搖葉落，其實不用急於掃走，就借予山中靈麂枕眠吧。

東亞豪豬

East Asian Porcupine

學名	*Hystrix brachyura*
種類	哺乳類
科名	豪豬科（Hystricidae）
來源	原生
香港分佈	廣泛分佈於大嶼山以外之香港各郊區
世界分佈	尼泊爾、印度錫金及阿薩姆、緬甸、泰國、馬來西亞、蘇門答臘、婆羅洲、新加坡、中國中部及南部。
保育狀況	受野生動物保護條例（第170章）保護 Fellowes *et al.* (2002)：潛在區域性關注

某個冬天午後，我交好稿，走一趟短山。本來只欲尋花，走著走著，竟然見到前方有個細小笨重的身影。我的天！一隻東亞豪豬大剌剌地在我面前走過。我們的距離超級近，不足十尺，我甚至聽到牠在「噶噶噶」叫。

豪豬也稱箭豬。全身黑色，肩部以後長著長而硬的棘毛，棘毛黑白環紋相間。其實早於二千四百年前成書的《山海經．西山經》中，已見這種奇異動物的名字，其時叫「豪彘」：「有獸焉，其狀如豚而白毛，大如笄而黑端，名曰豪彘。」其「樣子如豬，背上有白毛，毛大如髮簪，尖端黑色。」形容得相當貼切。

豪豬可謂「豬中之王」。郭璞甚至寫過《豪彘贊》，用樸實語言對豪豬表達了驚嘆和讚美：「剛鬣之族，號曰豪狶。毛如攢錐，中有激矢。厥體兼資，自為牝牡。」首二句交代了豪豬身上長滿硬毛，因而得名。三、四句則寫其毛如聚在一起的尖錐和猛箭。最後兩句指牠雄雌同體，集兩性於一身（但當然這是不可能的……）。

豪豬壽命最長可達二十七年。牠的主要食物為植物類，常挖掘泥土中的根莖食用。由於動作緩慢，為免遭獵食者侵略，豪豬須利用特殊的刺來保護自己。危險發生時，豪豬會豎起棘毛作威嚇，當進一步受到攻擊，會用身體後半部份對準獵食者猛地衝刺，把棘毛刺入獵食者的表皮；由於棘毛帶有倒鉤並不容易取下，故相當具威力。

豪豬通常晝伏夜出，白天躲在岩隙、洞穴內睡覺，晚上才會出來找尋食物，而且習慣避開人類，所以一般人很少察覺牠們的存在。這隻呆呆的豪豬卻數次以「Z」形穿越行山徑，我才得以幸運地攝錄牠的動態。

野豬 Eurasian Wild Pig

學名	*Sus scrofa*
種類	哺乳類
科名	豬科（Suidae）
來源	原生
香港分佈	廣泛分佈於香港各郊區
世界分佈	遍佈歐洲、北非，以及亞洲，包括蘇門答臘、日本及台灣。

獨自走一道僻靜的山澗。六小時期間，沒遇上一個人，甚至連束縛在樹幹用作指引方向的絲帶也只有寥寥落落兩三條。當天沒有同伴，格外緊張；眼前一個具威脅的瀑布讓我懊惱，不得不停留佇足、抬頭良久，細考那些不明顯的攀岩手腳位；已走到溪澗中段的我想放棄，卻已太遲，沒有退路，只能硬著頭皮、專心一意向上爬。

瀑布過後是平緩的澗道，有那樣多的嶺南黃蘭（*Cephalantheropsis obcordata*）盛放，在水邊散發微微幽香。我已接近溪澗上源，水流漸少，水聲漸細。四周靜下來了，我疲憊地依在石邊喘氣休息，竟忽然聽到身後不遠處傳來響聲！我惶恐轉身，看見草叢堆後有異動；額角滴下冷汗，心想出事了！如此荒澗怎會有人？可會是劫匪？可會是土沉香盜賊？實在大意！被貼近跟蹤竟然毫無警覺？本能地後退幾步，卻見一個小身影從石頭後鑽出來。天啊！竟是一頭可愛的小野豬！

野豬為家豬的野生原種，體格比家豬更為強健，成豬身上長滿灰黑色的毛，腿及嘴尖端白色。雄豬長有向外彎曲的發達長牙，具攻擊性；雌豬妊娠期約一百三十天，一胎生產可多至八隻。初生幼豬為淺棕色，有深色條紋，六個月後條紋消失，一歲時呈現成豬體色。成熟雄豬一般為獨棲，雌豬則帶同小野豬成群地出沒，群落為數隻至數十，常晝伏夜出。

《本草綱目．獸二．野豬》曰：「野豬處處深山中有之……其形似豬而大，牙出口外，如象牙。其肉有至二三百斤者。能與虎鬥……最害田稼，亦啖蛇虺。」除了形容了野豬外觀，也可見其雜食性。事實上，野豬主要吃植物，像是農作物、水果、堅果、根和塊莖，也會吃蛋、真菌、昆蟲、蛇類，甚至腐肉。

我眼前的小豬為淺棕色，條紋不明顯，大概是六至十個月大的亞成豬。我屈紋不動，細意觀察，彼此竟對望半分鐘……牠才突然感到驚恐，「噶」的一聲突然轉身逃跑了，可愛非常。

野貓

Domestic Cat

學名	*Felis catus*
種類	哺乳類
科名	貓科（Felidae）
來源	外來
香港分佈	廣泛分佈於香港各市區及郊區
世界分佈	遍佈全球，總與人類相關。

幾近全黑時，山邊古典路燈驀地亮起微弱的橙色燈光，照出遠處一隻獸的身影；一雙眼睛反射出妖嬈的星光，透顯孤獨、距離與警戒。

山頂有貓。我停駐路中心，拉著他的衣角小聲問：「會是豹貓嗎？」答：「是家貓。」接著大個子頑童走上前，忽然起了壞心腸，張牙舞爪裝成一隻老虎怒吼，嚇得家貓豎直毛髮落荒而逃。貓最後逃到哪裡呢？我想起聶魯達（**Neruda**）的《貓之夢》（*Cats Dream*）：「牠會墜落或者大概是／跳進光禿禿的荒涼雪丘。／有時牠在夢裡長得太大，／大得像老虎的祖先，／就會穿過屋頂，雲層，火山，／躍入黑暗。」

我們在野外看到的野貓，都是被遺棄的寵物貓或其後代；擁有發達犬齒與短消化道，是典型的肉食性動物。野貓毛色因個體而異，常見為白色帶橙、棕或黑色斑紋；尾巴及四肢修長，爪子尖銳，能伸縮；趾底有脂肪肉墊，因此行走時無聲。貓的捕獵方式與其他大型貓科動物相似，先埋伏再捕食，用鋒利犬齒咬住獵物頸部，咬斷氣管以殺死獵物。

中國最早對貓的記載於西周《詩經．大雅．韓奕》：「孔樂韓土，川澤訏訏，魴鱮甫甫，麀鹿噳噳，有熊有羆，有貓有虎。」詩歌頌讚韓土是一個水土豐腴、擁有不同物種的地方。古人也早認識到貓能捕鼠。西漢《禮記．郊特牲》曰：「古之君子，使之必報之。迎貓，為其食田鼠也。迎虎，為其食田豕也，迎而祭之也。」由於貓捕捉田鼠，對莊稼有益，故天子每年均會祭拜「貓神」以祈求消滅田鼠。除了「以貓制鼠」，貓咪的溫柔輕巧亦惹人喜愛。及至唐宋，養貓風氣開始盛行；一代女皇武則天更是「貓痴」一名，愛收集天下名貓，其後因為被臨死的蕭淑妃以貓詛咒，才下令皇宮中一律不得養貓。

《酉陽雜俎》曰：「貓目睛旦暮圓，及午豎斂如綖。」貓的夜視能力相當出色，是人類的好幾倍。強光下，貓會將瞳孔縮得如線般狹小。除了貓目迷離，不少人對於貓的優雅姿態亦很入迷。原來貓科動物有種潛行隱忍的技能：為免在捕獵時後腳踩到雜物發出聲響，故行走時後腳會完美地踩在前腳的位置。時裝展示舞台上，模特兒在台上行進，左右腳往往輪番踩在兩腳之間的直線上，形態甚優雅，看起來就像貓的步伐，於是這種經典步伐就以貓步（catwalk）命名了。

野狗 Domestic Dog

學名	*Canis lupus familiaris*
種類	哺乳類
科名	犬科（Canidae）
來源	外來
香港分佈	廣泛分佈於香港各市區及郊區
世界分佈	遍佈全球，但總與人類相關。

在郊外遇見野狗，幾乎都不是什麼好事情。牠們會怒吠，聯群結黨地衝向你，反起耳朵，露出犬齒，發出「胡胡」低哮的聲響。今天我一個人走馬鞍山，經黃金壁脊上攀吊手岩，再到牛押山；在末段走回主要山徑時，竟倒霉地發現三大一小的野犬，在遠處虎視眈眈……

儘管全世界狗的形態千差萬別，毛色也各異，但各類型的狗都能混交，並生下具有繁殖能力的後代。而山上的野狗都是被遺棄的寵物犬及牠們的後代；嘴長、雙耳豎立，身上或有不同的斑紋。野犬屬群體動物，由一隻領袖帶領，每群由數隻至十數隻不等；乃食肉性動物，常捕食小型哺乳類動物、鳥兒、蜥蜴與蛇，也會在垃圾堆中找食物。

「犬」作為中國文化中「六畜」（馬、牛、羊、豕（豬）、犬、雞）之一，是人類最信任的動物。中外考古界普遍認為早在舊石器時代，人類就對犬隻進行馴化。圖騰崇拜是人類早期的普遍信仰，中國的苗、瑤、畲族甚至把一隻名為「盤瓠」的犬視為民族的最古老祖先。

古籍中明明是「犬」，為何其後又說成「狗」？《說文解字》解釋：「孔子曰：狗，叩也，叩氣吠以守，從犬句聲」。這種動物發出「叩叩」、「勾勾」（句即勾）的聲音，故稱狗。《爾雅．釋畜》曰：「未成毫，狗。」就是指還沒有長出剛毛的小犬是狗。漢朝以後人們大體習慣跟隨《曲禮》疏云，稱呼「大者為犬，小者為狗」。

我決定拾起長樹枝走過去，打算嚇退牠們，但牠們竟吠得凶猛，毫不害怕。於是我退回去了，縮坐石上等待。牠們沒有離開的打算……後來我放下樹枝跟牠們「理論」：「嗳，乖乖哦！路過而已。」然後奇異的事情發生了，本來直直地瞪我的野狗竟然轉身離開！問題輕易解決。原來牠們也跟我一樣，吃軟不吃硬。

水牛
Domestic Water Buffalo

學名	*Bubalus bubalus*
種類	哺乳類
科名	洞角科（Bovidae）
來源	外來
香港分佈	錦田、南大嶼山。
世界分佈	埃及伸展至菲律賓，東南亞分佈尤多。

據說颱風即將來臨，卻完全無減山友們遊覽南大嶼山的熱情。浮雲飄於藍天，太陽照耀如常，我們在開揚山坡看到紫色小圓花土丁桂（*Evolvulus alsinoides*），又在石頭夾縫間看到食蟲植物錦地羅（*Drosera burmannii*）。終於登臨「老人山」頂，我們在一塊畫了老人公仔的木牌旁邊大呼可愛，又在建於一九七〇年代的山火瞭望台旁來一幀大合照，結果在強風下，沒一人的頭髮不是亂蓬蓬的。

抄最近的山徑下山，回到貝澳時風起雲湧，我們加快步伐，卻在村邊舊田附近遇見五六隻水牛躺在大榕樹下休息。

水牛與黃牛不同。水牛體格較黃牛粗壯，皮毛短粗而稀疏，多呈灰黑色；黃牛雙角短而直，水牛角則粗大而扁，並向後方彎曲，橫截面呈三角。由於怕熱及想逃避昆蟲騷擾，水牛常浸在水中，只露出頭部呼吸，因此牠們身上往往滿是泥濘，骯骯髒髒似的。但正因為水牛能於沼澤濕泥中行動自如，以前農業社會多靠水牛協助水稻田耕作。

古典文學中「水牛」又叫「吳牛」。魏晉南北朝時期「筆記小說」代表作《世說新語》〈言語篇〉云：「臣猶吳牛，見月而喘。」劉孝標標注道：「今之水牛，唯生江淮間，故謂之吳牛也。」《世說新語》中提及吳牛怕熱，因此在晚上看見月亮，還誤以為是太陽出來了，被嚇得對著月亮氣喘起來；其後更演化為成語「吳牛喘月」，用來比喻人因疑心而害怕，意思與「杯弓蛇影」相近。

在亞洲，水牛主要用作勞動；在歐洲，則多被作為奶牛或食用牛。水牛奶的含脂量較牛奶高，意大利著名的水牛芝士（**Mozzarella Cheese**）正是用水牛奶所製成，質感煙韌軟滑，加在薄餅上烤焗能做出「拉絲」效果；而經典的 **Caprese Salad**，也是由番茄、水牛芝士、羅勒、胡椒、海鹽、黑醋及橄欖油等組合而成。

正當我憶起水牛芝士的美味，一陣狂風突然來襲！我們沿著水泥路向巴士站奔跑，道旁村屋有外國小女孩玩氣球，手一鬆，橙色氣球被捲旋到十幾米的半空中，飄往迷霧一片的大東山的方向去。暴雨傾斜如針落下，最後，就算我們張開傘，也似乎沒什麼用了……

黃牛

Domestic Ox

學名 *Bos taurus*

種類 哺乳類

科名 洞角科（Bovidae）

來源 外來

香港分佈 廣泛分佈於香港島及新界西北以外之香港各郊區

世界分佈 遍及全球

黃牛是人類社會中其中一種最早被馴服的動物。在古代中國，黃牛除了充當肉食來源、在交通運輸及農耕生產時被役使，亦用於祭祀占卜。巫師利用牛的肩胛骨作「卜骨」——牛骨被火灼後會出現裂紋，巫師便根據紋路判斷禍兮福兮，最後在骨上刻鑿文字，記錄占卜內容和事後結果。

在中國神話中，蚩尤也是「人身牛首」。相傳黃帝征討蚩尤時，久不能勝，於是「黃帝殺夔，以其皮為鼓，聲聞五百」，終勝蚩尤。當中所提及的「夔」即《山海經》神獸，狀如蒼牛，只生一條腿，聲音卻如雷貫耳。

黃牛可以說是香港野外最易遇見的哺乳類動物，卻不是「野生動物」，並不受野生動物保護條例（第 170 章）所保護。香港沒有原生黃牛品種，大多從廣東省及台灣一帶引入。黃牛耕乾田，水牛下濕田；但隨著香港農業式微，黃牛「失業」後輾轉流浪於鄉郊。現在，牠們悠閒食草的姿態已成山邊一道常見的風景。

從前我怕牛。某年炎夏三十三度，從馬鞍山大金鐘獨走至西貢，忽見一頭棕黑色的龐然大牛伏佔整段山路，肩上有發達的駝。烈日當空，汗流浹背，在山中窄路相逢，我進退兩難，最後只能顫抖地跨過牠巨大的臀部。

後來有次在城門水塘遇見牛群，其中一頭初生小牛細如唐狗。在偌大的青草地上，小牛靜躺，並一直保持微笑，當我摸牠柔軟的頭毛，按摩其耳朵時，牠甚至閉起眼睛享受。牠有多大呢？兩或三個月？那是一頭奇妙的小牛，擁有一雙靈性的眼睛，兩三個月的稚齡，卻彷佛看透世情。教我不得不想起「初生之犢」，諺語典故始於《莊子．知北遊》：「汝瞳焉如新生之犢而無求其故。」莊子讚美眼前的「你」有如新生小牛，達到了純真渾厚、無知所求的修為境界。

也因牛太純真，未懂分辨對自身好壞之事。某次遊走大帽山，如常看見牛群於草坡憩息，其中一隻「嘴郁郁」，竟嚼著遊人遺棄的膠樽，狀甚滋味；我心中不安，趕緊把樽搶走。事實上，我等是遊客，動物是住民，希望大家都為環境做多一步，自己的垃圾自己帶走。

短吻果蝠

Short-nosed Fruit Bat

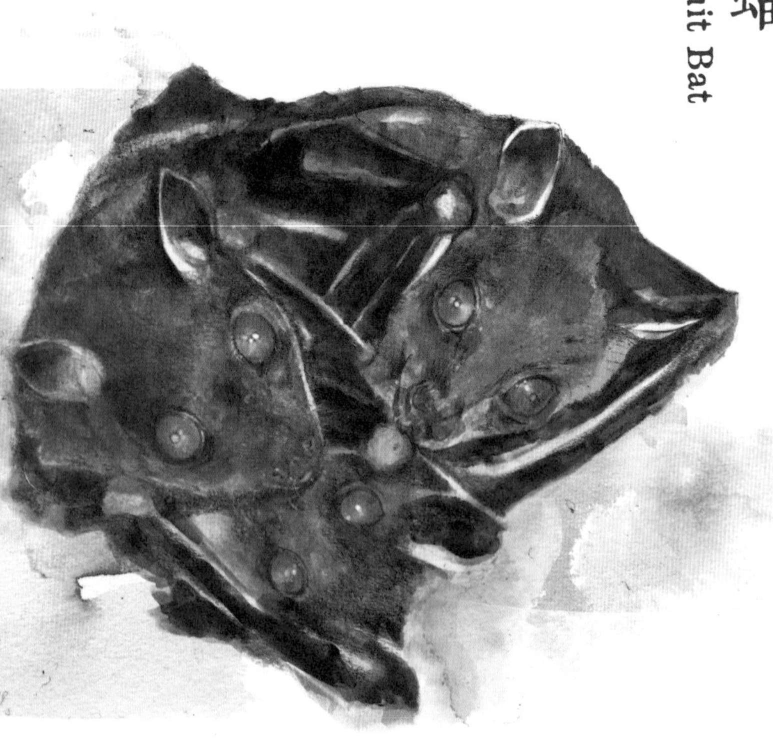

學名　*Cynopterus sphinx*

種類　哺乳類

科名　狐蝠科（Pteropodidae）

來源　原生

香港分佈　廣泛分佈於香港各市區及郊區

世界分佈　華南、斯里蘭卡、巴基斯坦、孟加拉、印度、緬甸、越南、柬埔寨、西馬來西亞、蘇門答臘及鄰近島嶼。

保育狀況　受野生動物保護條例（第170章）保護

夏風吹拂我倦怠的身軀，由大澳東澳古道返回東涌市區，已是下午四時半。路旁有棕櫚科的蒲葵樹（*Livistona chinensis*），忽然想起古人愛用葉子做成「蒲葵扇」，夏天一到人人便手握一把扇子搧風，於是便好奇地湊近看看蒲葵葉子的結構。抬頭時卻被嚇一跳！葉間竟有數隻短吻果蝠棲息其中！

短吻果蝠常見於市區；背部深棕至灰棕色，腹部顏色較淺，短吻，眼睛明顯，雙耳邊緣呈白色，翼膜呈棕色。在香港的蝙蝠品種中，只有短吻果蝠擁有築巢習性。雄蝠會咬斷蒲葵葉子的葉脈，讓葉子柔柔地垂下來，形成帳篷似的巢；再邀請雌蝠進巢與之交配繁衍，雌性每胎常產一子。

漢代焦贛《焦氏易林》曰：「蝙蝠夜藏，不敢晝行。」宋朝辛棄疾《清平樂．獨宿博山王氏庵》一詞亦曰：「繞床饑鼠。蝙蝠翻燈舞。」指出蝙蝠在晚上圍繞油燈上下翻舞。的確，蝙蝠常活躍於黃昏後，而短吻果蝠會於夜間覓食，通過嗅覺尋找合適的食物。牠們會嚼食榕果、番石榴等，也會吸食花蜜，是許多夜開性花朵的傳粉者。

文化方面，由於「蝠」與「福」字同音，蝙蝠也成了福氣、幸福的吉祥象徵。我們常可在中式古老傢具、瓷器及建築物上面看到蝙蝠圖案。

有趣的是，蝙蝠在古時也曾被當作食材。北宋紹聖四年，蘇軾被貶至儋州（即今海南島）。其時海南島是極偏遠之地，食物、住屋等生活條件也差，蘇軾在《聞子由瘦》一詩裡道盡自己無肉可食的苦況：「五日一見花豬肉，十日一遇黃雞粥。土人頓頓食藷芋，薦以薰鼠燒蝙蝠。」原來當地土人正是以「熏鼠」與「燒蝙蝠」等野味入饌呢！

穿山甲
Chinese Pangolin

學名	*Manis pentadactyla*
種類	哺乳類
科名	穿山甲科（Manidae）
來源	原生
香港分佈	罕見，零星分佈於香港各郊區。
世界分佈	尼泊爾、印度、孟加拉、緬甸、泰國、柬埔寨、老撾、越南、中國中南部及台灣。
保育狀況	受野生動物保護條例（第170章）保護 世界自然保護聯盟紅皮書：極危 中國紅皮書：易危 Fellowes *et al.* (2002)：區域性關注

在《尋花》與《尋牠》系列圖文著作中，有個隱藏規則——所有寫畫品種皆為親身所見。我不願紙上談兵，只有親身觀察，「我」才能跟「物」建立關係，寫出情感真切的文章。而穿山甲，卻是惟一不曾在香港野外見過（兒時在內地的野味店見過……），卻又念念不忘、不得不寫的品種。

穿山甲是從頭到尾披覆鱗片的食蟻專家。四肢短粗，尾巴強勁有力，能纏繞樹枝倒吊；頭部呈圓錐形，耳圓眼小，吻部尖尖。牠口內無齒，卻擁有長達二十厘米、善於伸縮的舌頭，以深入洞穴覓食白蟻及蟻蛹。穿山甲五趾皆擁有強大腳爪，其中前腳中指的爪特別長，專用來挖掘蟻巢。

牠有個正統古名，叫「鯪鯉」，見於《異物誌》、《本草圖經》、《爾雅翼》、《本草綱目》等文獻。明人李時珍著《本草綱目．鱗一．鯪鯉》言：「其形肖鯉，穴陵而居，故曰鯪鯉，而俗稱為穿山甲。」可見「鯪鯉」是古人對穿山甲的正稱，「穿山甲」則是民間俗名。而《山海經．中山經》載：「又東南三十里，曰依軲之山……有獸焉，其狀如犬，虎爪有甲，其名曰獜，善駚牟，食者不風。」我從「狀如犬，虎爪有甲」的描述，猜想「獜」也許是比「鯪鯉」和「穿山甲」更早的別稱。

穿山甲在本港多處有零星的記錄。不過因在傳統中醫學中，穿山甲的肉和鱗甲均可入藥，因此常遭非法捕獵，是香港最受威脅的物種。就世界分佈而言，穿山甲成長緩慢、繁殖力較低（每胎只產一仔），加上二十年來人類亂捕濫獵和棲息地的喪失，其野外種群數量急劇下降至枯竭邊緣。二〇一四年，在國際自然保護聯盟瀕危物種紅色名錄（或稱 **IUCN** 紅色名錄，簡稱紅皮書）中，穿山甲更由「瀕危」（**EN**）提升至「極危」（**CR**）等級，代表「野生種群面臨即將絕滅的機率非常高」。

穿山甲是夜行動物，並且害羞敏感，一天中大部份時間都躲在洞穴裏。牠貌似堅強，像穿上一重又一重保護盔甲，受驚的時候會捲成球狀，並將邊緣鋒利如刃的鱗片豎起……然而這一切又有用嗎？當「天敵」是人類時，所有防禦方式似乎都顯得毫無作用了！

鳥類
南生圍

藍翡翠
Black-capped Kingfisher

學名	*Halcyon pileata*
種類	鳥類
科名	翠鳥科(Alcedinidae)
來源	原生
香港分佈	廣泛分佈於香港海岸
世界分佈	廣泛分佈於亞洲
保育狀況	受野生動物保護條例(第170章)保護 Fellowes *et al.* (2002):本地關注

寶石之中，我獨愛青金石，那是一種有著純淨深藍色的寶石，中間夾雜金粉點點；凝視它，彷彿凝視一個宇宙。古今中外，青金石也備受喜愛。清朝皇帝祭天、地、日、月時需要佩戴不同顏色的朝珠——在祭天時就要配上青金石了。在西方，青金石也常被研磨成粉末，製成油畫顏料。

基於對這種具靈性的藍色的鍾愛，在香港可見的幾種翠鳥（普通翠鳥、斑魚狗、白胸翡翠和藍翡翠）之中，我特別喜歡藍翡翠。牠是香港常見的冬候鳥和春秋兩季過境遷徙鳥，頭部黑色，背部寶藍色，長有紅色長嘴巴——鑿狀的大喙，有利於捕捉魚蝦和水生昆蟲。

由於翠鳥擅於捕魚，古時也稱為「魚狗」。對於翠鳥的動態，唐代詩人錢起的《銜魚翠鳥》寫得最為繪影繪聲：「有意蓮葉間，瞥然下高樹。擘波得潛魚，一點翠光去。」原來翠鳥愛找一個視野良好的地方，棲息於水邊一至兩米處的樹枝上，伺機捕食水生動物；每當發現獵物，即快速直線飛行撲向牠，既快且狠。

翠鳥的羽毛極為漂亮，在古代多用作飾物。三國時曹植寫下《七啟》：「戴金搖之熠燿，揚翠羽之雙翹。」金釵熠爍，用作裝飾的翡翠羽毛在風中揚飛，是何等的雍容華貴！

莊子說樗樹樹幹彎曲，不能成材，終能逃離被砍伐的命運。相反，「翠以羽殃身，蚌以珠致破」，翠鳥因羽色美麗而招來殺身災禍。古希臘神話中，也有涉及翠鳥的故事：從前 Ceyx 和 Alcyone 恩愛非常，某次得意忘形地把自己比作天神宙斯和天后赫拉，馬上引起宙斯和赫拉的憤怒和嫉妒。宙斯決定懲罰他們，他趁 Ceyx 乘船出海時颳起巨大風浪，把船打翻，Ceyx 葬身海底，Alcyone 在丈夫死後也投海自盡，靈魂化作怨懟的翠鳥，日夜悲鳴……

遠東山雀

Japanese Tit

學名	*Parus minor*
種類	鳥類
科名	山雀科(Paridae)
來源	原生
香港分佈	常見留鳥，廣泛分佈於香港。
世界分佈	亞洲東部、東南部及西部
保育狀況	受野生動物保護條例(第170章)保護

這座大山通常霧氣氤氳，但今日天晴。深山中的大白花開了，含著笑，蕩散複雜的甜香。蜜蜂最勤勞也最清醒，懂得尋找最鮮嫩的花。

一月，高山上，氣溫低。我攀涉巍峨巨石，指尖凝聚了濕冷。我累得不停喘氣，於是坐下休息。這一帶沒大樹，只有零星的矮小灌木和匍匐植物；我所依靠的石頭灰中帶橙色，附生其上的食蟲植物攤開葉子、伸著花蕾。

我忽然聽到小鳥喁聲細叫，一隻遠東山雀在附近飛來飛去。有一刻牠終於停駐下來，站在崖邊突起的石頭上，輕輕銜起石縫泥土；牠身下是萬丈深淵，翠綠色的樹冠在遙遠的山底……我確實有些羨慕了，羨慕那些有翅膀的族群，牠飛到之處，是我永遠無法企及的地方。

遠東山雀能發出清脆叫聲，喜歡在枝頭尋找昆蟲為食，繁殖期間會在樹洞營巢。牠身長約十四厘米；頭黑色，面頰旁的白斑是其明顯特徵；背灰色；一道黑紋由喉部伸至腹部中央，像在襯衫上打了一條黑領帶。

近來在《國家地理》雜誌網頁讀到一篇有關山雀的文章。話說一九二〇年代，英國的藍山雀發現戳穿牛奶瓶口的鋁箔蓋，就能吃到牛奶最上層的「奶皮」。後來這種採食方法逐漸「廣傳」，到了一九五〇年代幾乎英國所有藍山雀都懂得此伎倆。

此種「傳播」引起動物行為學者的注意，更成為教科書上關於「動物傳統」的範例。近年學者 **Lucy M. Aplin** 對大山雀（***Parus major***）進行實驗，研究新興文化如何在大山雀之間傳播。她分別從五個不同的大山雀社群中捕捉兩對鳥，訓練牠們如何從迷宮盒裡獲得食物。隨後她將「受訓鳥」放歸森林，同時在森林中設置許多相同的迷宮盒。

二十天後，她發現沒有「受訓鳥」的大山雀社群中，平均只有百分之三十一的成員成功打開迷宮盒；但在有「受訓鳥」示範的社群中，平均有多達百分之七十五的成員成功取食——很明顯這就是鳥兒們互相學習的結果。

樹麻雀
Eurasian Tree Sparrow

學名	*Passer montanus*
種類	鳥類
科名	雀科（Passeridae）
來源	原生
香港分佈	留鳥，廣泛分佈於香港。
世界分佈	在歐洲和亞洲廣泛分佈，是當地留鳥，不怕人，常生活在人居環境中。
保育狀況	受野生動物保護條例（第170章）保護

當我捧著盛載腸粉、雞扎和大包的盤子，從狹窄的樓梯鑽上川龍茶樓的二樓露天雅座，馬上就發覺他正在注視什麼了。也斯一如以往戴著鴨舌帽，此刻他的頭稍為傾前，正在凝望另一空桌上的小麻雀；這七八隻小麻雀並不怕人，爭相啄食上一手食客留下的排骨飯粒和叉燒包屑。老師那種專注入迷令我莞爾。

麻雀個子小，膽子大，並不怕人，一年四季總有一兩隻在附近。牠體長約十五厘米，頭部褐色；面頰白色，眼先、喉部及頰上有黑斑；上體褐色，有黑色縱紋。全世界約有二十七個麻雀品種，香港記錄過的計有家麻雀（***Passer domesticus***）、山麻雀（***P.rutilans***）和樹麻雀。家麻雀是迷鳥，山麻雀是罕見的冬候鳥及遷徙鳥，而平常在城市裡最常見的是樹麻雀。樹麻雀適應力強，喜食田間種子和穀物；由於有人居住的地方食物也多，牠們也跟隨人類遷進城市去。

明代李時珍《本草綱目．禽二．雀》指出，麻雀的特色是「處處有之」、「躍而不步」及「其卵有斑」；牠們「棲宿簷瓦之間」，因此也稱瓦雀。瓦雀也有老幼之別，「老而斑者為麻雀，小而黃口者為黃雀」。形容門庭冷落、賓客稀少的成語「門可羅雀」，當中的「雀」，大概也是指這種親人小鳥吧。

我又記起五代十國時期的宮庭畫家黃筌，他以工筆技法刻畫蟲、鳥、龜共二十四隻，完成留傳後世的《寫生珍禽圖》，當中也畫了樹麻雀的成鳥及在旁嗷嗷待哺的幼鳥。圖畫線條細密、淡墨輕色，效果雅致逼真。

在香港，樹麻雀是常見鳥，但在內地數量卻日漸下降。原來內地人嗜吃野味禾花雀（即黃胸鵐），當禾花雀被吃至「瀕危」時，身形相若的樹麻雀便慘被捕捉充當代替品出售。

香港的舊式茶樓多設掛鈎供「雀友」帶著愛鳥飲茶，此茶樓仍然保留這個傳統。二樓的食客大概都是愛雀之人，紛紛帶上自家鳥籠，掛在旁邊的竹杆上，聽著愛鳥的歌聲嘆茶。我們看著五光十色的籠中小鳥，又望望四周來去的麻雀，呼吸一口雨後新晴的潮潤氣息，感受悠閒自由的難能可貴。

棕背伯勞
Long-tailed Shrike

學名	*Lanius schach*
種類	鳥類
科名	伯勞科（Laniidae）
來源	原生
香港分佈	常見留鳥，廣泛分佈於香港空曠的地方。
世界分佈	廣泛分佈於亞洲，是當地的留鳥。 在中國大部份地區有分佈。
保育狀況	受野生動物保護條例（第170章）保護

小時候我喜歡吃快餐，尤愛「牡丹樓」（麥當勞），當中有四大吉祥物：「牡丹樓」叔叔、漢堡神偷、小飛飛和滑嘟嘟。在一九九〇年代，「牡丹樓」廣告及發行玩具中經常出現這四隻吉祥物，但在一九九七年後，除主角外其他三位已不復露面。「漢堡神偷」乃偷吃專家，穿著黑白橫條衣服，眼綁黑眼罩，然而樣子並不討好，大概是當中最不受歡迎的吉祥物了。

現在，有著「漢堡神偷」外號的棕背伯勞正站在木麻黃樹最高處，低頭搜尋牠心儀的美點。棕背伯勞是香港全年可見的留鳥，身長二十五厘米，羽毛為褐、黑、白、灰四色，外形亮麗可愛，戴上黑色「眼罩」後，果然跟「漢堡神偷」甚相似。

《詩經．豳風．七月》中提到「七月鳴鵙，八月載績」，當中的「鵙」指的就是伯勞鳥。事實上，棕背伯勞叫聲複雜多變，甚至能模仿其他鳥類的聲音。宋代羅願在訓詁書《爾雅翼》中，曾點出古代民間流傳著一個可愛傳說：當天地萬物不能鳴叫時，只有伯勞鳥能發出聲音，因此，假如用伯勞所踏過的樹枝去鞭治小孩子，即能大大加快其語言學習速度。

伯勞鳥喜歡站在視野開闊的高處觀察四周，定點捕食昆蟲及小型動物。古人早觀察到伯勞是雀鳥中的猛禽——指其善於「制蛇」，只要一鳴叫，蛇就會怕得盤成一團；古籍又說伯勞「夏至後應陰而殺蛇，乃磔之棘上而始鳴也」。牠們的確是冷酷的獵人，有儲食的習慣，懂得把獵物插在幼細樹枝上，然後以強壯的鈎嘴撕碎食用。

在古代，伯勞曾被當作惡鳥。曹植在《惡鳥論》指伯勞「應陰氣之動」，認為牠是「賊害之鳥也」，故在漢代，養伯勞鳥就跟「養賊」無異；夢見伯勞也是不祥，代表將有口舌是非之事。由古至今，伯勞的意象都跟「賊」、「神偷」有關，也真是個有趣的巧合了。

灰背鷗

Slaty-backed Gull

學名	*Larus schistisagus*
種類	鳥類
科名	鷗科(Laridae)
來源	原生
香港分佈	罕見冬候鳥及過境遷徙鳥, 曾記錄於后海灣一帶。
世界分佈	在西伯利亞東部繁殖, 在韓國、日本和中國東部海岸地區越冬。
保育狀況	受野生動物保護條例(第170章)保護

現在，這隻廣闊泥灘上唯一的年輕灰背鷗凝望著我。由於牠是第一年度冬，毛色跟成鳥大不相同。牠年輕天真的模樣叫我想起動物文學名著《天地一沙鷗》中的海鷗主角 **Johnathan**。

小說《天地一沙鷗》（*Jonathan Livingston Seagull*）由美國空軍上校李察．巴哈（**Richard David Bach**）所著：海鷗主角 **Johnathan** 是一隻與眾不同的海鷗，牠熱愛飛翔，並不認為海鷗飛翔的目的只是為了在沙灘搶吃小魚和麵包屑而已。為了能飛得更快，他不斷進修飛行技巧，這種執著甚至被其他鷗族標籤為異類。後來他成功超越海鷗極限，更無私地將技術傳授給下一代，成為海鷗界的傳奇。

書名《天地一沙鷗》大概來自「詩聖」杜甫《旅夜書懷》其中一句，然而詩中的海鷗非如 **Johnathan** 意氣風發，而是一隻暮氣沉沉的孤獨海鷗：「細草微風岸，危檣獨夜舟。星垂平野闊，月湧大江流。名豈文章著，官應老病休。飄飄何所似？天地一沙鷗。」

微風吹拂江邊的細草，立著高高桅桿的小船在夜中孤單停泊。平野寬闊，繁星垂於天邊；月影隨波晃動，大江滾流不息。人之名聲難道只是靠著寫文章而顯著嗎？做官應該做到年老多病才退休。自己到處漂泊，像什麼呢？就像天地間一隻孤獨的沙鷗。

永泰年間，已離開朝廷的杜甫乘舟行經渝州（今重慶），《旅夜書懷》顧名思義記載了杜甫在旅途夜裡的所思所感。當時他在生活上失去依靠，遠大政治抱負亦早已付諸東流；他一直認為做官的人應當直到年老多病才退休——雖然杜甫當時確已老病，但辭官的主因是被排擠。遊無定蹤，甚至以船為家，一路上心情沉重，《旅夜書懷》正好表現了這種飄泊孤單的心情。

家燕
Barn Swallow

學名	*Hirundo rustica*
種類	鳥類
科名	燕科(Hirundinidae)
來源	原生
香港分佈	廣泛分佈於香港
世界分佈	亞洲、歐洲、非洲和美洲常見的候鳥。
保育狀況	受野生動物保護條例(第170章)保護

「秋去春還雙燕子，願銜楊花入窠裏。」家燕回來了，在唐樓底穿出飛入，捕食蚊、蠅等昆蟲。我走在舊區的街道上，家燕似要迎面撲來，卻總在最後一刻輕輕一扭，在我耳邊擦過，靈巧的身手剪出了一道道人與動物和諧並處的風景。

每年夏天，我會見到原本空空如也的舊巢棲居著雌雄燕子。牠們頭部及上身帶有藍色光澤，嘴部寬闊呈黑色，喉部紅色，腹部至尾下覆羽為白色，飛行時有明顯開叉的尾部。香港最常見的「燕子」有兩種，分別是家燕及小白腰雨燕。兩者名字裡雖然都有「燕」字，在分類學上卻屬兩個不同的科（前者是燕科，後者是雨燕科）。

家燕常築巢於高大屋簷下，燕巢多以濕泥及幼草混合築成。每窩產乳白色卵四至六枚，十五天後小燕破蛋而出；雛鳥嘴部為明顯黃色，正是白居易《燕詩》中的「黃口無飽期」，並經常「索食聲吱吱」。雛鳥由親鳥共同餵飼二十天後開始離巢學習飛行，約一星期後離開親鳥獨立生活。

說起燕子的典故，自然想起《史記》裡〈陳涉世家〉中陳涉「燕雀安知鴻鵠之志哉」的慨嘆：話說陳涉年輕時曾和別人一起受雇耕作，一天他們在田間壟上歇息，陳涉含恨地說：「倘若以後富貴了，不要忘記彼此啊！」同伴訕笑回答：「你幫別人耕地，怎能富貴呢？」陳涉長嘆：「唉！燕雀怎了解鴻鵠的壯志啊！」

燕雀之志是安棲小居、餬口養家，大概是追求「小確幸」了。小確幸的意思是生活中「微小但確切的幸福」。吃了好吃的東西，看了好看的電影就幸福了，是知足常樂的態度。鴻鵠之志則是飛得更高更遠，有出人頭地的凌雲理想。我身邊有燕雀，也有鴻鵠，沒有對錯優劣，畢竟這個社會由千千萬萬種人構成及運作。

普通燕鴴
Oriental Pratincole

學名	*Glareola maldivarum*
種類	鳥類
科名	燕鴴科（Glareolidae）
來源	原生
香港分佈	過境遷徙鳥，曾記錄於米埔、尖鼻咀。
世界分佈	分佈於歐亞大陸部份地區、澳洲和新西蘭。
保育狀況	受野生動物保護條例（第170章）保護 Fellowes *et al.* (2002)：本地關注

我喜歡胖胖的鳥，越圓越愛。家中的和尚鸚鵡（*Myiopsitta monachus*）休息發呆時，總愛把羽毛膨起，變成一個橄欖綠色的蓬鬆毛球，看得我「心心眼」。有時我把牠在室內放飛，「鸚鵡仔」更會主動親近，鼓起頭頸部的羽毛，側著頭，以期待的眼神要求我替牠抓頸搔癢。

基於個人偏好，在野外也格外留意身形圓胖的小鳥。我特別喜歡鴴科鳥，其中金眶鴴和環頸鴴更是「圓中之圓」，加上腿短，在泥灘上「小腳飛奔」的姿態迷人非常。

後來某次到塱原濕地觀鳥，發現原來燕鴴也十分「圓」。牠們身體為泥黃色，嘴巴闊而短，眼眶黑色，如畫了粗粗的眼線，更有趣是「眼線」向下延長，在喉部附近形成一個黑圈，乍看就如小鳥圍了一件嬰兒口水肩；偏偏那燕鴴目光灼灼，表情認真，從正面看去，正是一枚嚴肅的卡通雞蛋，極具「反差萌」。

普通燕鴴身長二十五厘米，尾羽黑色分叉，飛行姿態優雅，也會如燕子在空中捕食昆蟲，因此又名「土燕子」。牠們分佈於亞洲東部，冬季會遷移至中國南部、印度、印尼及新幾內亞南部度冬。在香港，只有春秋兩季才有機會遇上牠們。普通燕鴴喜愛淡水濕地，也能於旱田、草地或海邊沙地見到牠們；翅膀修長，善於飛行，時常邊飛邊鳴叫，在田邊尋找昆蟲、蜥蜴和植物種子為食。到了秋冬，牠們則返回東亞的溫帶地區進行繁殖，愛用短草莖、麻、羽毛等於地面築巢。其卵為梨形，呈沙白色，上有斑紋。通常由雌鳥承擔孵卵任務，雄鳥則待在一旁警戒，孵化十八至二十二天後，幼鳥便會破殼而出。

原鴿

Domestic Pigeon

學名　*Columba livia*

種類　鳥類

科名　鳩鴿科（Columbidae）

來源　外來，在香港已歸化。

香港分佈　常見留鳥，廣泛分佈於香港的市區。

世界分佈　遍佈世界各地

保育狀況　受野生動物保護條例（第170章）保護

晨光初現，火車在我右方草坡最高處轟隆駛過，幾隻鴿子受驚躍起，引發整個鴿群哄動，一下子騰飛到大藍天去。牠們在空中繞了數圈，沒吃飽的會再度降落在我們腳前，已吃飽的則會飛到對面中學校舍的屋頂上休憩。

以上是我八九歲記憶中的影像。那時父親經常帶我跟弟弟到旺角花墟的球場「晨運」。六時起床，六時半出門，總會帶備羽毛球拍，也不忘捎走一個擱在餐桌上的小膠袋——內有半斤去殼開邊綠豆，以及一大把掏自米缸的白米。

跑到水泥地足球場去，數百隻鴿子迅速飛來——牠們當然都認得「米飯班主」。我們喜孜孜地為鴿子撒下早點，米粒和綠豆子「沙沙沙」應聲落在地上。弟弟把豆撒成直線，牠們會整整齊齊列成一隊奮力啄食；我把自己作為核心把豆子撒成圓，牠們便堆在核心的外圍把我圈住。

作為與人類生活密切的家禽，古書早對鴿子作出記載。唐朝段成式《酉陽雜俎．羽篇》曰：「波斯舶上多養鴿。鴿能飛行數千里，以為平安信。」鴿子飛得快、能辨認方向，古代波斯商人把牠們養作信鴿，魚雁往還。唐代著名宰相張九齡，年少時也曾「家養群鴿」，把書信繫鴿足上，以飛鴿傳書。

我小時候餵過的大概多是家鴿逸出後的野生族群，畢竟一九九〇年代已鮮有人養鴿子了。牠們天生天養，體色豐富多變，但最常見那種，頭部深灰，身體呈石板灰色，頸部羽毛具有悅目的紫紫綠綠的金屬光澤，翼上有兩條黑色橫紋，閒來總是「咕咕咕」地叫。

《舊約．創世紀》寫古代洪水淹沒大地，留在方舟裡避過大劫的挪亞（Noah），放出鴿子去試探洪水情況，鴿子回來了，銜著一枝嶄新的橄欖樹枝，表明洪水已退，後世自此常用鴿子象徵和平。以前的香港人會餵鴿子，某程度上展現了人禽間「和平共處」的關係，然而自一九九七年香港養禽場及鮮活市場爆發 H5N1 禽流感後（當局撲殺全港一百三十萬雞隻），這種人禽間的和諧也難以復見了。

珠頸斑鳩

Spotted-necked Dove

學名	*Streptopelia chinensis*
種類	鳥類
科名	鳩鴿科（Columbidae）
來源	原生
香港分佈	十分常見的留鳥，廣泛分佈於香港。
世界分佈	亞洲廣泛分佈的留鳥
保育狀況	受野生動物保護條例（第170章）保護

兩隻珠頸斑鳩吃掉餵貓客遺下的幾粒乾糧，見我們經過，又緊緊跟在我們身後討食。牠們對人類無畏無懼，兩雙小紅足左右交替地快步走，跟了好一大段下山的路。

記得小時候常有珠頸斑鳩停在窗邊花槽休憩，小時候的我總以為那是鴿子；探頭窗外，卻又覺得跟鴿子外形不同，放學後去圖書館翻查兒童百科全書，才知那不是原鴿，而是同為鳩鴿科的「珠頸斑鳩」。

珠頸斑鳩全長約三十厘米，身形肥胖，頭部相對於身體的比例較鴿子為小，雌雄同色，後頸及頸側的黑色斑紋上佈滿了珍珠般的白色斑點，下腹部為暗紅色，腳紅色。牠們呈直線飛行，常在地上找尋掉落的種子；又愛待在有人煙之處，你常能看見牠們在馬路、行人道與公園裡，搖著尾羽悠閒漫步。

繁殖期時，雄鳥會以雌鳥為中心，在雌鳥周圍行走或原地迴旋，緩慢地鞠躬求偶；珠頸羽毛豎起，發出「咕咕咕」的叫聲，每五步鞠躬一次。如雌鳥想逃逸，雄鳥則會拼命追趕，追得越快，鞠躬越頻繁。但我想起自己兒時沒有「生物繁殖」的概念，最後見珠頸斑鳩攀到另一隻身上，還會嘟著嘴猛嚷那兩隻鳥在「打架」，上面那隻在「欺負」弱者，實在太壞云云。

在香港，除了最常見的珠頸斑鳩，運氣夠好的話，也能找到體色更為豔麗的厚嘴綠鳩、橙胸綠鳩、綠翅金鳩等。記得首次在野外看見色彩斑斕的綠翅金鳩（*Chalcophaps indica*），牠就站在樹紋美麗的構樹上；肥肥的鳥兒前額粉藍色，嘴巴和腳嫩橙色，雙翅羽色翠綠，靜靜地俯視觀察著我，炫美的姿態就如天降的一枚精緻寶石。

噪鵑
Asian Koel

學名	*Eudynamys scolopaceus*
種類	鳥類
科名	杜鵑科(Cuculidae)
來源	原生
香港分佈	常見留鳥，廣泛分佈於香港。
世界分佈	在亞洲廣泛分佈
保育狀況	受野生動物保護條例(第170章)保護

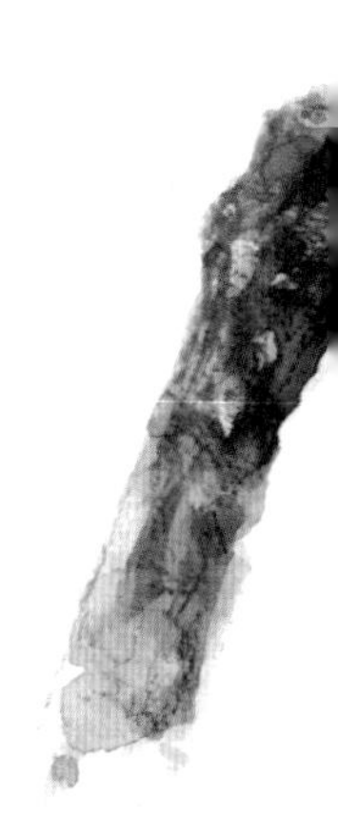

春夏季，凌晨五時許，天空仍是漆黑的時刻，遠方開始傳來雀鳥「ko-el ko-el」的吶喊，還越叫越大聲，聲調不斷提高，甚至有一種叫破喉嚨、死不罷休的氣勢。歌聲似乎慘絕人寰，在哭嗎？才不！那是噪鵑感應到春天來臨，天性使然的求偶叫聲。

噪鵑屬本地留鳥，全長約四十三厘米，尾長。雄鳥全身藍黑色；雌鳥及幼鳥全身褐黑，身上有淺色的斑點和橫紋，眼睛虹膜鮮紅，嘴黃綠色。牠們以果實、種子和昆蟲為食物。夏季在市區的大型公園可以聽到其重複「ko-el ko-el」的響亮叫聲。

噪鵑以發出「噪音」聞名，每年春夏季繁殖期間，雄鳥為了呼喚雌鳥，日夜不停鳴叫。最近在 Facebook 看到一段「叫春鳥真面目」的影片，當中「叫春鳥」正是噪鵑。所謂「識睇一定睇留言」：「原來是你」、「日日擾我熟睡的真兇」、「鬧鐘鳥！」可見在石屎森林中，仍有很多人對自然界有所體察與感受。

植物界中有個類別叫「寄生植物」，如蛇菰屬（*Balanophora*）及菟絲子屬

（*Cuscuta*），本身不產葉綠素，而是長出吸器，直接汲取寄主養分。原來在動物界也有這種「寄生鳥」，杜鵑鳥正屬此類。一般雀鳥對雛鳥的照顧無微不至，杜鵑鳥卻把育兒責任外判——雌鳥會把自己的蛋下在其他鳥類的巢，讓「養母」以為那是自己的親生骨肉，省卻孵蛋和養育幼鳥的功夫。噪鵑的「便宜父母」便包括八哥、喜鵲及黑領椋鳥等。更重要的是，杜鵑鳥的子女也往往比養母的蛋更早孵化出來，小雛鳥甫一出世便發揮其潛藏的「小魔怪」本能，把原本在巢中的鳥蛋一一擠出鳥巢，獨佔「天下」，讓養父母一心一意把牠餵養得又白又胖。

我還想起葉靈鳳；當我閱讀其散文集《靈魂的歸來》時，感到津津有味。書中也曾談及另一種杜鵑鳥「花咯咕」，即四聲杜鵑（*Cuculus micropterus*）；由於牠們每次鳴叫總是四個音節，最後一節較低音，「kwi-kwi-kwi-kwa」聽來竟似「家婆打我」，就像一位被家婆折磨的媳婦正在傷心求救。

灰喜鵲

Azure-winged Magpie

學名	*Cyanopica cyanus*
種類	鳥類
科名	鴉科（Corvidae）
來源	外來，在香港已歸化。
香港分佈	引入留鳥，曾記錄於米埔。
世界分佈	主要分佈在亞洲東部地區
保育狀況	受野生動物保護條例（第170章）保護

冬春之際，在公廁旁邊那些燈柱和電線杆附近，有一隊灰喜鵲嬉嬉鬧鬧，於芭蕉樹上嘈雜大叫一番，又落到地上追逐。牠們尾長挺拔，毛色灰藍相映，淡雅而耐看。

灰喜鵲屬鴉科，體長約三十八厘米，頭、嘴、腳黑色，上身淡灰，尾羽及飛羽天藍色，肚子淡白。灰喜鵲為雜食性鳥類，能吃昆蟲、水果、種子，甚至幼年鼠類等，相對於本地市區常見的喜鵲（***Pica serica***）及紅嘴藍鵲（***Urocissa erythroryncha***），灰喜鵲分佈較狹，是后海灣地區的引進物種。

由古至今民間傳説鵲能報喜，故備受大眾喜愛。五代王仁裕《開元天寶遺事．靈鵲喜事》記曰：「時人之家，聞鵲聲，皆為喜兆，故謂靈鵲報喜。」宋代彭乘《墨客揮犀》進一步補充：「南人喜鵲聲而惡鴉聲。鴉聲吉凶不常，鵲聲吉多而凶少。故俗呼喜鵲。」

我又想起清朝極具代表性的漂亮畫冊《鳥譜》。《鳥譜》原名《余省、張為邦合摹蔣廷錫鳥譜》。乾隆在位時，宮廷畫家余省和張為邦應皇帝之命，以內府舊藏的蔣廷錫圖本為基礎，經考察整理後，摹繪成《鳥譜》。據《石渠寶笈》續編記載，二人於乾隆十五年春季開始繪製，至乾隆二十六年完成，歷時足足十一年。

《鳥譜》共十二冊，共收三百六十一幅鳥畫。右頁以工筆花鳥技法描繪各種鳥類，左頁則以漢、滿兩種文字記述雀鳥的名稱、形態、特徵及生活習性等，精確詳實、生動逼真，具有現代鳥類百科圖鑑的意味。第一冊中即收錄了幾種「鵲」，北喜鵲、喜鵲、白喜鵲及山喜鵲等，當中的「山喜鵲」即為我所見的「灰喜鵲」。

現在牠們五、六隻圍攏到一個發泡膠箱附近，我好奇地走近，牠們馬上一哄而散，飛到電線杆上大聲噪啼，剩下地上半株被啄爛的蘆薈。

白頸鴉
Collared Crow

學名　*Corvus torquatus*

種類　鳥類

科名　鴉科（Corvidae）

來源　原生

香港分佈　少見留鳥。曾記錄於內后海灣一帶、南涌、企嶺下、大尾督、薄扶林、赤鱲角、船灣、林村。

世界分佈　分佈於南中國及越南北部

保育狀況　受野生動物保護條例（第170章）保護
世界自然保護聯盟紅皮書：近危
Fellowes *et al.* (2002)：本地關注

由於地方廣闊、食糧充裕，米埔泥灘上多數時間都是一片平和，大小鳥獸佔據一方，各自「搵食」。然而當你以望遠鏡細察，偶爾還是會看到不和諧的畫面：孤獨的白嘴鴉不知做錯什麼事，被心情不佳的小白鷺驅趕，倉惶地跳躍逃走。

你以為烏鴉都是黑色吧，不，偏偏眼前的白頸鴉頸上有一圈白羽毛，像披了一條白色頸巾。白頸鴉喜在海岸線附近或沿海魚塘活動，過去被認為數目眾多，沒有受到特別關注。但根據香港觀鳥會資料，也許過去白頸鴉整體數目一直被大幅高估（過往估計有一萬五千至三萬隻）；現時全球可能只有不到二千隻！情況不容樂觀，香港觀鳥會遂建議將其保護級別由「近危」升為「易危」。

談烏鴉文化，先得說說「烏鴉」二字由來。《埤雅》指：「全象鳥形，但不注其目睛。烏體全黑，遠而不分別其睛也。」原來這是象形字，但因為烏鴉羽毛黑漆，故造字時「鳥」字中間缺了一點，變成「烏」，代表遠看難以看見烏鴉的眼睛。至於「鴉」，則形容烏鴉發出的沙啞喊叫聲。

烏鴉叫聲聒噪，是現代大眾印象中的不祥惡鳥。某人說話不吉利，會被斥為「烏鴉嘴」；指一群人不是善類，會說「天下烏鴉一般黑」。然而烏鴉在先秦時期並不受厭惡，更被視作「神鳥」。傳說太陽和烏鴉息息相關——世上原本有十個太陽，每個太陽都由一隻「三足烏（三隻腳的烏鴉）」背著飛行，十隻輪流飛上扶桑木，照耀大地；後來三足烏作亂，不跟次序十隻並出，以致大地被烤焦，於是后羿用神箭射掉當中九隻，是為「后羿射日」的神話。

到魏晉南北朝，《後漢書・趙典傳》指「烏鳥反哺報德」，意即烏鴉長成後，能覓食餵養母鳥。因此烏鴉漸變成一種帶有倫理道德色彩的「孝鳥」。

但宋代以降，烏鴉形象一再扭轉，變成「惡鳥」。這也許與其習性有關。烏鴉喜歡吃腐肉（其實是大自然的清道夫呢），常出沒於屍體橫陳之處，加上全身黑色貌似不祥，所以自宋至今的文學作品中，烏鴉的出現常意味著孤寂、殘舊、悲涼、苦澀等。

長尾縫葉鶯

Common Tailorbird

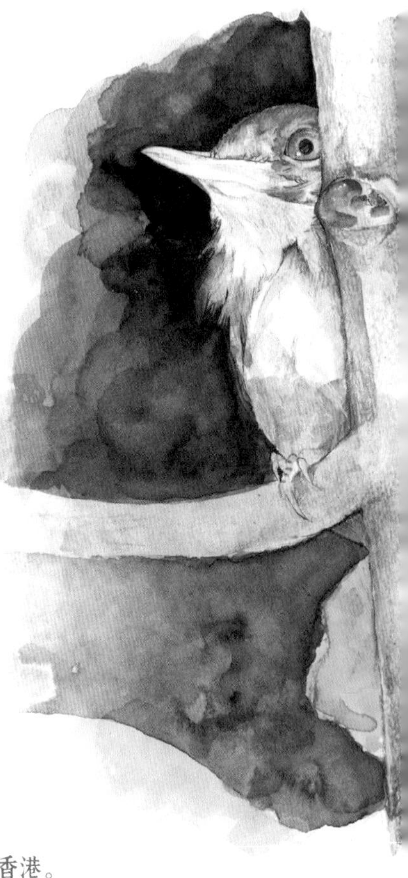

學名	*Orthotomus sutorius*
種類	鳥類
科名	鶯科（Sylviidae）
來源	原生
香港分佈	常見留鳥，廣泛分佈於香港。
世界分佈	廣泛分佈於亞洲
保育狀況	受野生動物保護條例（第170章）保護

月掛高天，一對男女亮著電筒慌張下山，見到我們一行數人，忍不住說：「嘩，怎麼會有人？」同行者賊笑答：「你肯定我們是人？」我連忙說：「別耍壞！別嚇人！」那對「臉青青」的男女沒再望我們一眼，就像漆黑中飛馳的列車，極速駛走了。

偶然也得夜行找動物。沒什麼特別的準備，只多帶一支電筒，然後在黑暗中鋪天蓋地胡亂照動，走走停停，見什麼拍什麼。我們在一棵血桐樹（*Macaranga tanarius*）下，驚喜地找到一對正在睡覺的長尾縫葉鶯，相偎相依，站在樹枝間，像一對圓滾滾的毛毛球。我們在極近處拍了足足一分鐘，牠們才醒轉、飛走，在樹冠高處吱喳斥責我們擾人美夢。

文學中的鶯和燕泛指春日景色。晚唐詩人韋莊《村居書事》詩曰：「風鶯移樹囀，雨燕入樓飛。」春天來了，雨燕飛進屋樓，鶯鳥在樹間宛轉地鳴叫。在香港的長尾縫葉鶯也喜歡在林中下層植被活動，叫聲響亮，發出清脆的「即、即」叫聲。

眼前的長尾縫葉鶯屬鶯科小型鳥，體長十一至十三厘米。背部、兩翼羽毛呈橄欖綠色，下身白色，前額和頭頂則是紅褐色，嘴長尾長，尾羽佔體長近一半，並且經常上揚。長尾縫葉鶯的英文是 **Common Tailorbird**，名副其實是出色的裁縫，擁有獨特的築巢技巧，懂得利用植物纖維作縫紉線，把一至兩塊葉子縫合起來成為葉籃子，再在裡面鋪好細草、棉絮築巢，作為產蛋及育雛的場所。縫葉築巢，不單有偽裝效果，葉面上的蠟質更有助揈走雨水。

中學時家政課分烹飪和針黹兩部份，我能燒一手拿 A 級分數的菜，針黹卻是零天分。這些小小的縫葉鶯連手也沒有，只靠自己尖銳的喙，三兩天便能把巢縫好，神乎其技，怎不教我嘖嘖稱奇？

領角鴞

Collared Scops Owl

學名　*Otus lettia*

種類　鳥類

科名　鴟鴞科（Strigidae）

來源　原生

香港分佈　常見留鳥，廣泛分佈於灌木林。

世界分佈　印度、東南亞。

保育狀況　受保護瀕危動植物物種條例（第586章）保護
受野生動物保護條例（第170章）保護

黑白攝影片段：伏在地面角落、躲在石頭與鐵絲網之間的一對領角鴞幼鳥忽然顯得很警戒！一個成人的背影走進鏡頭；他看到鳥，前進一步，又後退半步，掏出手機拍下大量幼鳥照片。他慢慢後退，後退……接著，原本對著幼鳥的鏡頭忽然被移位了，此後，再看不見鳥和人。

這是被隱蔽鏡頭（**trail camera**）拍到的一樁「獵人偷走貓頭鷹 **BB**」案件。今年五月初，一雙領角鴞幼鳥在東涌被偷走；附近的隱蔽鏡頭未能拍到偷竊者的樣貌，但錄下他在電話中的對話，涉事者疑有巴基斯坦穆斯林或印度旁遮普邦（**Punjabi**）背景。

香港共有九種貓頭鷹，領角鴞是較常見的一種。牠體長約二十五厘米，屬小型貓頭鷹，頭上有一對豎立如耳朵的角羽。領角鴞屬夜行性猛禽，白天停棲於枝葉繁密的樹叢內休息，入夜後才出來活動，捕食昆蟲、小鳥和小型哺乳類。牠們擁有圓圓的大眼睛，虹膜紅褐色（大量視桿細胞使牠們能在漆黑的夜裡看清四周環境），也具高度靈敏的聽覺、銳利的大爪、尖彎如勾的嘴，是黑夜裡最專業的狩獵者。

我想起數年前另一單「領角鴞事件」。當年還在專注尋花的我，某次到大埔滘自然護理區打算拍攝即將開花的香港瓜馥木（*Fissistigma uonicum*），豈料路過門口更亭，即見人頭湧湧，數十支腳架加長鏡擱在地上，猶如機動戰士高達的重粒子炮。

我其時還以為是「攝影訓練班集合處」便沒加理會。到「尋花」完畢，滿足返歸時，仍見人群不散，方「八八卦卦」湊湊熱鬧去：哦，一隻年幼的領角鴞立在樹枝上打盹，可愛非常！其時正是下午四五時，天色漸暗，為了拍到更清楚的照片，竟有人拿出手電筒，從下方照向寶寶的臉。燈光刺目，馬上讓牠瞇起眼睛來，如此騷擾幼鳥休息，實是不該。

鵰鴞

Eurasian Eagle Owl

學名	*Bubo bubo*
種類	鳥類
科名	鴟鴞科（Strigidae）
來源	原生
香港分佈	罕見留鳥，廣泛分佈於香港。
世界分佈	在歐洲、非洲和亞洲均有分佈。
保育狀況	受保護瀕危動植物物種條例（第586章）保護 受野生動物保護條例（第170章）保護 中國紅皮書：稀有 Fellowes *et al.* (2002)：區域性關注

我們平時看卡通漫畫，貓頭鷹常戴上博士帽，以「智者」的姿態出現。希臘神話中的智慧女神雅典娜，常有「聖鳥」伴隨其右，聖鳥正是貓頭鷹。現在，我眼前的貓頭鷹昂首立在樹枝上，雙目炯炯有神，確實跟其他鳥類氣質大有不同。

跟西方視貓頭鷹為吉祥物不同，自古以來，在中國人眼中，牠是極不祥的鳥類。貓頭鷹乃猛禽，屬鴟鴞科，「鴟鴞」一詞即來自古老的詩經。《豳風・鴟鴞》曰：「鴟鴞鴟鴞，既取我子，無毀我室。」詩中主角是一隻孤弱無援的母鳥，正向凶狠的貓頭鷹哀求：「既已抓走了我的孩子，便不要再毀掉我的家室。」鴟鴞性情兇猛，喜歡「破巢而食其子」，因此在古人心中是不仁的惡鳥。

鴟鴞擁有一雙大眼睛、跟其他鳥類不同的平坦如盤的臉，加上夜行性，令古人對牠有莫名的恐懼。《禽經》也賦予牠「不孝」的罪名：「梟鴟害母。梟在巢，母哺之。羽翼成，啄母睛翔去。」傳說幼鴞獲母鳥哺至翼成後，會把母鳥眼睛啄去！極為忘恩負義。

鷹身貓面，故此鳥俗稱「貓頭鷹」，古稱「鴞」或「梟」。根據《説文解字》，「梟」是會意字，「從鳥頭在木上」。古人重視孝道，為了懲罰這種惡鳥，在日間捕殺貓頭鷹後，把鳥頭懸在木上示眾。古時「梟首」酷刑，即指砍下罪人頭顱高懸示眾。

《太平廣記》引《冥音錄》：「聲調哀怨，幽幽然鴞啼鬼嘯，聞之者莫不歔欷。」一切罪名都掛在貓頭鷹身上，就連牠啼叫，人們也覺得聲音格外淒厲幽怨，彷彿怨鬼呼號了。

小葵花鳳頭鸚鵡
Yellow-crested Cockatoo

學名　*Cacatua sulphurea*

種類　鳥類

科名　鳳頭鸚鵡科（Cacatuidae）

來源　外來

香港分佈　常見留鳥，曾記錄於薄扶林、跑馬地、西貢、香港公園、海洋公園。

世界分佈　印尼及東帝汶的獨有品種，於早年被引入新加坡及香港並建立野生種群。

保育狀況　受保護瀕危動植物物種條例（第586章）保護
受野生動物保護條例（第170章）保護
世界自然保護聯盟紅皮書：極危

在香港動植物公園附近，偶爾可聽到不尋常的沙啞鳥叫聲。那是小葵花鳳頭鸚鵡的聲音。仔細一看，你或能在榕樹上看到牠舉起爪子，正在滋味地抓著榕果吃大餐。

鸚鵡智商比其他鳥類稍高，經訓練後常可做不同動作，亦可發出比較複雜的音階，甚至能模仿人類言語，能夠說話的秘密就在於牠特殊的生理構造——鳴管和舌頭。鸚鵡的鳴管與人的聲帶構造很相近，加上舌頭非常發達，圓滑而肥厚柔軟，形狀也與人的舌頭非常相似。正因為具備標準的發聲條件，鸚鵡便可以發出一些簡單但準確清晰的音節了。

早於《山海經》已有鸚鵡艷麗的身影。〈西山經〉中提到：「又西百八十里，曰黃山……有鳥焉，其狀如鴞，青羽赤喙，人舌能言，名曰鸚䳇。」就是說，黃山有種鳥，樣子像貓頭鷹，青色羽毛紅色嘴巴，有人的舌頭能說話，名叫鸚鵡。

中國歷史上最出名的鸚鵡莫過於唐玄宗時的雪衣娘。雪衣娘是一隻由嶺南進貢的白色鸚鵡，聰明伶俐，能說人話，備受寵愛。每當玄宗與他人下棋，處於下風時，楊貴妃只需向旁邊的雪衣娘打個眼色，牠便馬上前來把棋局搗亂「護駕」，相當「識做」。可惜雪衣娘最後死於蒼鷹的尖喙下。貴妃鄭重地將牠埋葬，立「鸚鵡塚」悼念之。

再說小葵花鳳頭鸚鵡，牠喜歡啄咬樹木，會在樹洞築巢、生蛋和育幼；一般一年只產二蛋。在其原居地印尼及東帝汶，由於全球寵物貿易引發的過度捕獵，以及原生棲地的喪失，牠們的數量正迅速下降，估計全球只剩七千隻以下的野生族群。現時小葵花鳳頭鸚鵡於世界自然保護聯盟紅皮書中被列為「極危」物種，現在生活於香港的野生族群多於二百隻，也算是亞洲區分佈中的大族群了。

扇尾沙錐

Common Snipe

學名	*Gallinago gallinago*
種類	鳥類
科名	鷸科（Scolopacidae）
來源	原生
香港分佈	常見過境遷徙鳥及冬候鳥， 曾記錄於塱原、洲頭、西貢。
世界分佈	東亞族群繁殖於西伯利亞，冬季遷移至 中國、韓國、日本、中南半島及南洋群島。
保育狀況	受野生動物保護條例（第 170 章）保護

近來多到田邊觀鳥，冷不防被問：「假如選一種跟自己相像的鳥兒，會是什麼？」大概是剛才在西洋菜田邊見到的扇尾沙錐吧。牠原先在田間覓食，發現我們以相機鏡頭窺視後，即緩緩步入菜叢中，最後還伸出小小的頭「反監視」我們。

那真是一種害羞又帶傻氣的鳥兒，當有人接近，牠不會馬上飛走，而是喜愛伏下躲進草叢中，靜待他人離開，除非那人步步進逼，牠極感威脅，受不了才飛出來。

我想起自己偶然也會這樣——在山坡看見一些美麗花朵時就會忘形地衝上前，舉起相機拍了又拍。冷不防突然有行山人士路過山徑，為免把他們嚇倒，索性蹲下來躲在草叢中，直到他們離開為止（但我並沒考慮到，他們看見一個蹲在草叢的女子，也許會覺得更驚嚇）。

扇尾沙錐為常見過境遷徙鳥及冬候鳥，常棲息於沼澤濕地。牠有著圓圓的身體，身長約二十七厘米。扇尾沙錐的嘴比其他沙錐長，背上有黃色縱紋，飛行時次級飛羽有明顯的白色後緣。至於牠與同屬的大沙錐和針尾沙錐之主要區別是尾羽：扇尾沙錐外側尾羽較寬闊，針尾沙錐外側尾羽有七對、呈針狀。

雲堆滿天，欲下雨了。我們加速前行，其後又在一棵樹下發現另一扇尾沙錐，牠正在把自己長長的喙伸進濕泥中，挖食當中的小蟲子；這又令我想起兒時的小事情。小時候我愛喝「思樂冰」，那是一種直接將糖漿與汽水冷凍碎成冰沙的特色飲品；先到收銀台買一隻杯子，再到思樂冰機前「自由斟」，斟了一些，先行「試味」，就這樣大口大口逐種口味試喝完畢，才安安份份地把杯子斟滿。而沙錐捉蟲子的樣子，就像我喝思樂冰時那個用飲管舀冰的動作呢。

白腰杓鷸
Eurasian Curlew

學名	*Numenius arquata*
種類	鳥類
科名	鷸科 (Scolopacidae)
來源	原生
香港分佈	大量出現於冬季及春季。 曾記錄於后海灣一帶。
世界分佈	在歐洲、亞洲等地繁殖，在歐洲南部、非洲和亞洲等地越冬。
保育狀況	受野生動物保護條例 (第 170 章) 保護 世界自然保護聯盟紅皮書：近危 Fellowes *et al.* (2002)：區域性關注

泥灘上有一大群白腰杓鷸，牠們愛棲息於河流和海邊濕地，是中型涉禽，體長五十至六十厘米，喙巨大而下彎，肚子白色，全身有黑褐色縱紋。白腰杓鷸外型跟大杓鷸（*Numenius madagascariensis*）非常相似，惟飛翔時翼下白色覆羽極為明顯（大杓鷸翼下覆羽則有濃密橫紋），可據此區分。

鳥類的食物與其嘴型關係密切，像文鳥和麻雀嘴型粗短，食物以種子為主；鸚鵡的嘴強勁有力，彎如月牙，可以食用硬殼果；白腰杓鷸的嘴非常長，以便把嘴插入泥中，尋覓其中的甲殼類、貝類、昆蟲、小魚和小蛙。

有關「鷸」的文化故事，最廣為熟悉的莫過於出自《戰國策》的「鷸蚌相爭，漁人得利」的寓言。戰國時七國並立，互相攻伐不休。一次趙惠王打算攻打燕國，謀士蘇代便向他說故事：「從前鷸鳥發現一隻正把殼打開、在河邊曬太陽的蚌，於是馬上伸出長喙去啄肉。蚌受驚下合攏雙殼，把鷸的喙夾住。鷸說：『如果今天、明天都不下雨，你就會給太陽曬死。』蚌也不甘示弱：『如果你今天、明天嘴也拔不出來，你也活不了。』雙方僵持不下，其後一個漁夫經過，把牠們都捉住。」趙惠王聽後，便放棄攻打燕國的計劃。

鷸蚌相爭，誰贏？人大了，學會多一些沉著。總得學習做一隻知情識趣的鷸，審視危機，適時鬆口，以免遭受附近奸險的漁翁所伏擊。

成語到了今天當然有新的詮釋。然而對野生動物最具威脅者，說到底也許還是「人」。有人以龜籠非法捕龜，原來也有人設網捉雀，世界自然基金會香港分會（WWF）便曾發現一隻白腰杓鷸，在距離香港約二千公里的黃海渤海灣一帶，被非法佈下的鳥網擒獲。市區亦有人試以裝有機關的鳥籠捕捉樹林間的野鳥，最終以涉嫌虐待動物罪名被拘捕。

紅耳鵯

Red-whiskered Bulbul

學名	*Pycnonotus jocosus*
種類	鳥類
科名	鵯科(Pycnonotidae)
來源	原生
香港分佈	十分常見的留鳥，廣泛分佈於香港。
世界分佈	印度、安達曼群島、緬甸、尼泊爾、不丹、孟加拉、泰國、越南、馬來西亞北部、老撾、柬埔寨、南非和中國。引種至澳洲及其他地區。
保育狀況	受野生動物保護條例(第 170 章)保護

多年之後，我仍牢牢記著那站立在我手心的紅耳鵯。

那時候，家對面的唐樓天台仍有人畜養家鴿，因此我家露台常有家鴿光顧，在窗外縮著頸項「咕咕咕」地低叫。某天在房中跟弟妹打電玩期間，竟有從未見過的不速之客來訪——那是一隻黑白紅相間的陌生的鳥，站在鋁質窗花上，好奇地凝望室內的人。不知哪來的點子，我拾起桌面上早餐剩下的小片白方包，撕碎，伸出手，慢慢將麵包碎遞向站在窗花上的牠。

接著一個四目交投，然後牠竟然奇蹟似的飛向我，定定立在我手心。這是我初次捧著一隻鳥，也是初次這樣近距離地觀看一隻鳥——牠有高高的髻冠、黑嘴、深色的頭、嘴和腳，與胸部白色的羽毛相映成趣。

後來查書才知牠叫「紅耳鵯」，是香港最常見的雀鳥之一，經常三五成群地在市區林木中穿插。紅耳鵯的外形和顏色均非常鮮明，容易辨認：體長約二十厘米，臀部有明顯的紅色斑，耳的兩旁亦有紅色斑點（正是「紅耳鵯」名字的由來）。

紅耳鵯頭頂那直立顯眼的黑色冠羽是其獨特標記，並因這高冠，牠得到一個貼切的俗名：「高髻冠」。然而後來我當上導賞員，遇上這鳥時，除了牠的正名，也總會喚牠一個更「潮」的花名：gel頭雀。

紅耳鵯愛吃，不挑食，各種果實和昆蟲也可作為食物，更會吃廚餘，貪吃的程度甚至被形容為「雜食性的機會主義者」。

當年牠貪婪地啄食我手上的麵包碎，但大概是隻曾被馴養的鳥，才敢如此大刺刺地親近人類。後來有一刻我想把牠捉住，牠似乎也馬上感受到惡意，先躍到旁邊棉被上，再飛到窗邊，回頭望我一眼，隨即揚長飛走，沒留戀也沒留下半點痕跡。

黑鳶 Black Kite

學名	*Milvus migrans*
種類	鳥類
科名	鷹科（Accipitridae）
來源	原生
香港分佈	常見留鳥及冬候鳥，廣泛分佈於香港。
世界分佈	分佈於歐洲、亞洲、非洲和澳洲。
保育狀況	受保護瀕危動植物物種條例（第586章）保護 受保護野生動物保護條例（第170章）保護 Fellowes *et al.* (2002)：區域性關注

「鳶飛杳杳青雲裡，鳶鳴蕭蕭風四起」，就算我們身在市區，也能輕易見到麻鷹——即黑鳶的身影。《大雅．旱麓》早已記載：「鳶飛戾天，魚躍於淵」，道出了世間萬物各得其所，無顧慮地任性而動、自得其樂的天然本色。

黑鳶屬鷹科中型猛禽，翼展時約一百五十厘米，全身暗棕色，最大特徵是「魚尾狀」尾羽及翼下大片白斑，飛翔時白斑十分顯眼，也經常發出的嘯嘯叫聲。黑鳶對於城市的適應力甚高，在香港隨時都能看到黑鳶，愛高飛的牠們，常在海港和摩天大廈的上空翱翔，晚間則停棲於林區。

牠們在本地繁殖，每年春天約有數十對進行交配；秋天時更會有數百隻特地從內地北部飛到香港度冬。於是在冬天早上及黃昏，你或能看見大群黑鳶聚集於馬己仙峽和太平山頂的壯觀景觀。

《釋鳥》云：「鳶鳥醜，其飛也翔。高飛曰翱，布翼不動為翔。」原來在古代翱和翔是兩個不同的概念，高飛是「翱」，雙翼保持不動是「翔」。天氣晴朗時，常見黑鳶單獨盤旋於高天；其視力極之良好，遇目標時即摺翼俯衝而下，捕獵而去。除了主動攻擊獵物，牠們亦喜歡撿食腐肉，也懂捕魚，故曰：「鳶飛騰江湖間，捕魚食之。」

印第安人視鷹為神聖動物，認為牠具有世界上所有智慧，目光銳利，能看透世情，也能夠比其他生物更接近太陽。已故恩師也斯病時曾送我一枚紀念幣，上有老鷹圖騰，後面刻有「Vision」字樣。他說藝術家的視野，不論畫畫寫作，越高闊越好。後來我把這重要的老鷹圖騰紋於肩上，時刻記住他的鼓勵和叮嚀……

白胸苦惡鳥
White-breasted Waterhen

學名	*Amaurornis phoenicurus*
種類	鳥類
科名	秧雞科（Rallidae）
來源	原生
香港分佈	常見留鳥，廣泛分佈於香港的濕地。
世界分佈	廣泛分佈於亞洲
保育狀況	受野生動物保護條例（第170章）保護

突然衝出馬路是兩隻擁有黑白對比色的白胸苦惡鳥。牠們身軀修長、蹬著長而有力的腿，飛快地由草叢奔跑到對面大樹後，外觀跟動作有半分像迷你駝鳥。

白胸苦惡鳥是香港最常見的秧雞，喜歡在沼澤、農田和草叢間活動。背部灰黑；臉及腹部白色，嘴部青黃中帶一點紅；腳部黃色，長而粗壯；步行時尾巴上下搖動。除了跑得快，還有類近「輕功水上飄」的特殊技能。牠們擁有長長的腳趾，這種結構能有效地把體重平均分散於葉面上，使之能夠在荷葉或睡蓮葉子上輕鬆靈活地穿梭走動。

我停下來，側耳傾聽牠們「gu-wok gu-wok」的叫聲，就像《山海經》中「銜木石以填東海」的精衛鳥「其鳴自詨」，會發出「精衛精衛」的聲音；又或像《寵物小精靈》的主人公比卡超總是「比卡比卡」地叫……白胸苦惡鳥「苦惡苦惡」的獨特叫聲，最終也成為牠的名字。

比起其他隱秘怕羞的秧雞，白胸苦惡鳥相對「淡定大方」，在水邊不難找到牠們的蹤影。牠們也是民間傳說中討論最多的野鳥之一，古名「姑惡」。北宋蘇軾亦曾作《五禽言》，當中提及「姑惡鳥」：「姑惡姑惡，姑不惡，妾命薄。」在傳統中國社會中，惡婆婆永遠是被允許的，但身為媳婦者，只能哀怨地說「妾命薄」。傳說牠原是一個不為家姑所諒的媳婦，受虐至死後，冤魂化為野鳥，日夜「姑惡姑惡」地哀鳴訴苦，煙雨中聲音尤其悲慘。

談「姑惡詩」不得不提南宋詩人陸游。話說陸游有位溫柔聰穎的表妹唐琬，二人志趣相投，順理成章結婚。但唐琬成為陸游妻子後，她的才華橫溢以及與陸游的親密感情，反倒引起陸母不滿；最後更因婆媳關係不佳，陸游無奈休妻，成為他一生的憾事。陸游一生曾作多達十四首姑惡詩，不少學者猜想詩中的「姑惡」意象，多少與妻子被逐有關。

小鷿鷈

Little Grebe

學名	*Tachybaptus ruficollis*
種類	鳥類
科名	鸊鷉科（Podicipedidae）
來源	原生
香港分佈	常見留鳥，曾記錄於后海灣一帶。
世界分佈	廣泛分佈於歐洲、非洲和亞洲。
保育狀況	受野生動物保護條例（第170章）保護 Fellowes *et al.*（2002）：本地關注

在休館的日子前往濕地公園工作。下雨了，雨點傾斜如幼細的針線落下，我撐起傘，在空無一人的園內漫步。走在橫臥水面的彎彎木橋上，幾隻棕背伯勞在身邊飛過；雨幕之中，孤單的小鸊鷉獨自游弋覓食，時而潛入水中，時而又浮起頭來。

正如《本草綱目》所言，鸊鷉「常在水中。人至即沉，或擊之便起。」腳生近尾部，不利行走，卻有利於游泳和潛水，因此牠們受驚時，傾向遠游而不飛，或潛入水中。香港最常見的小鸊鷉總長約二十五厘米，屬中國南部最小型之游禽。雌雄同色，眼和嘴角淺黃，非繁殖期時羽毛呈褐色，繁殖期時面頰和頸部轉成棗紅。

牠們愛居於魚塘和基圍附近，以小型魚類、蛙、蝦、水生昆蟲等為食，偶爾也吃少量水生植物。繁殖期時以蘆葦、石菖蒲及各種水生植物營巢。雌鳥孵卵時，雄鳥會在附近充當警衛，如有「外敵」接近巢區，即發出急躁鳴叫，雌鳥聞後會迅速將藻類或浮水植物覆蓋卵上，及後跟隨雄鳥潛水離開……

我舉起相機攝錄小鸊鷉在雨中潛水浮水的姿態。在如詩似畫的景色中，我竟然戲劇性地感到餓了，大概因為想起鸊鷉另一俗名的關係。李時珍《本草綱目》中指鸊鷉俗稱「油鴨」，於是我由油鴨又想到油雞，油雞又想到燒味飯云云。

正常人當然不會把鸊鷉燒來吃。有此俗名是因為牠能分泌油脂。鸊鷉經常在水中覓食，為了防止羽毛被浸濕，牠們長有發達的尾脂腺——鳥兒用喙將分泌的油脂塗抹在羽毛上，即能形成一層防水保護膜。

明朝徐渭《贈呂正賓長篇》曰：「銅簽半傅鸊鵜膏，刀血斜凝紫花繡。」古人利用鸊鷉油脂作「鸊鷉膏」，用銅簽把鸊鷉膏剜出來用，塗抹刀劍上，能使兵刃常新不鏽。

白鶴

Siberian Crane

學名	*Grus leucogeranus*
種類	鳥類
科名	鶴科(Gruidae)
香港分佈	迷鳥，見於米埔。
世界分佈	中國、西伯利亞、印度、伊朗。
保育狀況	受野生動物保護條例(第586章)保護 受野生動物保護條例(第170章)保護 世界自然保護聯盟紅皮書：極危 中國紅皮書：瀕危

躲在觀鳥屋，以望遠鏡視察著十六、十七區基圍。憑藉比蒼鷺和黑臉琵鷺大的身形，以及臉上的紅斑，馬上就確定這位是米埔后海灣濕地的貴客：白鶴。牠來自遙遠的西伯利亞，至今只到訪過香港兩次，首次出現記錄於二〇〇二年，相隔十四年，於二〇一六年十二月重現香江。此刻在我們面前踱步覓食的是成鳥，據說當初還帶著一隻幼鳥，然而在被發現數天後便失去蹤影。

白鶴屬大型涉禽，身長可達一百四十厘米，重五至八公斤。牠們的喙粗長而直，腳修長，臉部裸露紅色皮膚。成鳥除初級覆羽和初級飛羽為黑色外，一般全身呈純白色；幼體的頭頸呈金褐色，身體由褐色和白色的斑紋所組成。牠們在濕地過冬，攝食水生植物及魚蝦螺等。

全球現時只有三千五百至四千隻白鶴，數量稀少，屬全球極度瀕危品種。牠們於西伯利亞繁殖後，部份族群會遷徙到內地江西鄱陽湖一帶過冬。然而，各項即將起動的水利工程預計將威脅白鶴族群賴以過冬的濕地，導致物種數量或會在未來十年間急劇下降。

《相鶴經》指出鶴是「羽族之宗長，仙人之騏驥」，地位極高，僅次於鳳凰。鶴也被稱為「一品鳥」，自明代之後，被視作文官品級中一品的象徵，圖案出現在官服的補子（位於胸前和背後的方形裝飾）上。

相傳仙人多騎鶴，故古人視鶴為「仙禽」，使鶴在中國歷代神仙故事中佔了重要一席。在宋代李昉等人編著的《太平廣記》中，白鶴甚至能夠幻化為神仙——神仙的顯著特徵就是「長生不死」，因此白鶴也承襲了永生不老的吉祥寓意。

當然，我不能確定神話中出現的是哪個品種的鶴。歷代國畫中似乎多為丹頂鶴，然而三國陸璣在《毛詩草木鳥獸蟲魚疏》描述的「鶴」：「大如鵝，長腳，青翼，高三尺餘，赤頂，赤目，喙長四寸餘。多純白，亦有蒼色」，則和我眼前所見之白鶴十分相似了。

小白鷺

Little Egret

學名 *Egretta garzetta*

種類 鳥類

科名 鷺科（Ardeidae）

來源 原生

香港分佈 常見留鳥，廣泛分佈於香港的海岸。

世界分佈 分佈於非洲、歐洲、亞洲及大洋洲。
在中國主要見於長江以南各地和海南島，
在中部地區多為候鳥，南方大多為留鳥。

保育狀況 受野生動物保護條例（第170章）保護
Fellowes *et al.*（2002）：區域性關注

火車由太和站駛往粉嶺站時，開始傳來雨點拍打玻璃窗的響聲。景色灰濛，暴雨狂飛，在窗上留下橫向的長刀疤。下車後趕緊撐起傘跑到小巴站，會合等待的你；我實在感到抱歉，是我決定要在這種陰晴不定的天氣下到鹿頸去的。

不為玩樂，為工作。每次將要進行野外考察導賞，定必提早一星期計劃準備：計算時間、安排行程、記錄將要介紹的「時令」動植物品種。南涌位處海邊，保留了多元化的自然生境，除可欣賞特別的紅樹林植物及棲身其中的小動物，鹿頸一帶亦有不少歷史悠久的村落，部份雖已人去樓空，卻不失為良好的拍攝題材。

現在，我們舉傘站在南涌天后宮前。在你對面的小小島嶼叫鴉洲，乃馳名的鷺鳥的棲息地。全盛時期的鴉洲，全港有多達四分之一的鷺鳥在此築巢。兩百米內有魚塘，親鳥可在數分鐘內來回覓食及餵飼雛鳥。

我「唸口簧」，告訴你：「岩石上黑身鈎嘴的是鸕鶿。旁邊的灰色大鳥是蒼鷺。

黑腳黃嘴是大白鷺，黑嘴黃腳是小白鷺。但要注意囉，小白鷺長大後，並不會變成大白鷺……」我指著近處小灘上某隻小白鷺，牠風華正茂，頭頂長出兩條繁殖期特有的細長羽毛；淡霧微雨下，飾羽飄飄，甚具仙氣。

難怪以前人們以為這些是「鶴」。屏風山腳下的「鶴藪」（藪指走獸所聚之處）及也斯《山光水影》散文中提及位於鹿頸附近的「白鶴林」，這些地方的命名，大概都跟聚集群居的鷺鳥有關。

「花開紅樹亂鶯啼，草長平湖白鷺飛。」在那紅花滿開的樹上，群鶯興奮地躍飛鳴叫；湖岸長滿青青長草，白鷺在平靜的湖面橫飛。時值四月暮春，濃厚的潮濕氣息撲面而至；我眼前的煙雨景色，大概跟宋代徐元傑《湖上》的意境有八分相似了。

黑臉琵鷺
Black-faced Spoonbill

學名	*Platalea minor*
種類	鳥類
科名	䴉科(Threskiornithidae)
來源	原生
香港分佈	常見冬候鳥,曾記錄於后海灣一帶。
世界分佈	僅見於亞洲,在韓國等地繁殖, 於中國南方沿海越冬。
保育狀況	受野生動物保護條例(第170章)保護 世界自然保護聯盟紅皮書:瀕危 中國紅皮書:瀕危 Fellowes *et al.* (2002):潛在全球性關注

香港濕地公園位處天水圍，擁有大片淡水沼澤，每年冬天都吸引多種瀕危鳥類前來覓食及暫時棲息。香港濕地公園的標誌是黑臉琵鷺。某個冬春午後，當我到公園拍照繪畫，數十隻黑臉琵鷺安靜地在水邊聚集，或睡覺，或仔細地整理羽毛，那一刻我覺得濕地公園果然是「吉祥物」的小天堂。

黑臉琵鷺是中型涉禽，體長約七十六厘米，約重一公斤。牠們的羽毛白色；雙腿修長；臉部黑色；鳥喙形狀非常獨特，既似琵琶，又似黑色匙子。台灣七股區人因為黑臉琵鷺的獨特外觀，更暱稱其為「烏面仔」、「烏面鳥仔」；宜蘭地區則稱之為「飯匙鵝」。

黑臉琵鷺生活於河口、濕地和潮間帶，具群居性，愛吃昆蟲、甲殼類或細小的魚類。在冬季，你常能看到黑臉琵鷺集結在泥灘上，時而休息，時而以誇張的動作在水中左右掃動長長的匙狀嘴覓食。

全球有六種琵鷺，出現於香港的有白琵鷺（*Platalea leucorodia*）與黑臉琵鷺。

黑臉琵鷺是全球瀕危物種，數目稀少，於二〇一七年一月的全球同步普查中，總共錄得三千九百四十一隻。牠們在三月至九月期間，只於南北韓西部海岸至中國遼寧省之間的小島上繁殖；冬天時，則會南遷至內地、日本、南韓、越南、泰國、菲律賓，以及台灣、香港、澳門等沿岸地區過冬。而每年在港越冬的黑臉琵鷺平均佔全球總數一成。

如何保護數目稀少、面臨絕種威脅的黑臉琵鷺？我們必須保護牠們的主要繁殖地，並確保其越冬遷徙時途經的沿岸濕地不受污染，才能一直欣賞「黑臉舞者」的優雅風姿。

兩棲及爬行類
大城石澗

紅脖游蛇

Red-necked Keelback

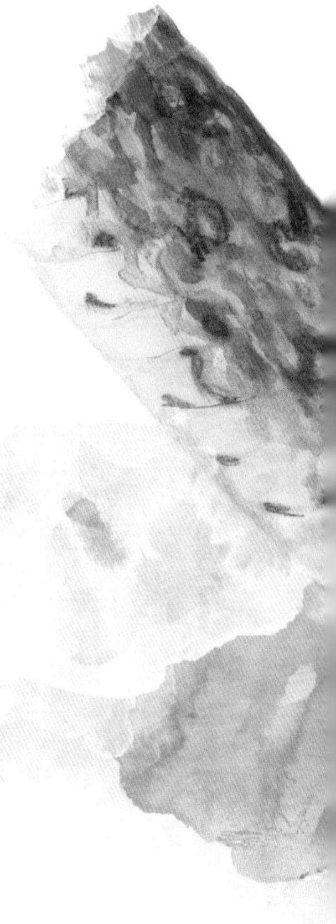

學名　*Rhabdophis subminiatus helleri*

種類　爬行類

科名　水游蛇科（Natricidae）

來源　原生

香港分佈　廣泛分佈於香港的林地

世界分佈　華南、泰國北部、老撾及馬來西亞。

「它」字的本義其實是「蛇」，甲骨文中的「它」字，正是蛇類鼓頸仰首之形。後來因為「它」被借用作第三人稱代詞，於是人們加注「虫」旁，把「它」變成「蛇」字。

「它」的鱗片透著冷冰的光澤，體現了陰險冷酷；毒蛇更會致人死命，與蜈蚣、蠍子、蟾蜍、蜘蛛合稱為「五毒」。東漢許慎《說文解字》指：「上古艸居，患它，故相問無它乎。」意思說古人的居所都近草，他們害怕有蛇，因此彼此相見時，都以「無它乎？（沒有蛇吧？）」相詢，用法與問候語「你好嗎」或「吃飯了嗎」相近，可見當時人們對蛇甚為畏懼。

根據漁護署網頁資料，香港十四種原生陸棲毒蛇中，有八種可咬噬致命。而毒蛇和無毒蛇並沒有簡單的辨別方法，因此時常獨行如我，必須以嚴肅謹慎的心，牢牢謹記各類致命毒物的形貌。

颱風前夕，大地酷熱非常，蒸出林林總總躁動的蛇和蟲。剛才在我眼邊流過的美麗小蛇，正是具致命毒性的一員——紅脖游蛇。身呈橄欖綠色，頭部後方有紅色斑紋，遠看背部還有格子圖案，大概是我見過的最漂亮的蛇種了。

紅脖游蛇愛食蠅蛆、甲殼類和蛙類，具有堅固牙齒，後牙毒腺能產生強毒性的分泌物。遭牠後牙噬咬的傷者，傷口會輕微腫脹，疼痛或不明顯，但常有明顯的全身出血傾向，如未及時得到正確診治，有機會出現嚴重併發症，如腦出血、急性腎功能衰竭、休克，甚至死亡。

蛇與書法有著不解之緣，當書法筆勢有力舒張時，也常以「舞劍走蛇」形容。現在，美麗的紅脖游蛇跨過澗中石頭，流竄到對岸的草叢去；那流水般的動態，宛如一行流麗書法，在我腦海留下不散的印跡……

翠青蛇

Greater Green Snake

學名	*Cyclophiops major*
種類	爬行類
科名	游蛇科（Colubridae）
來源	原生
香港分佈	廣泛分佈於香港
世界分佈	越南北部、老撾、華中至華南及台灣。

攝氏三十二度的下午，汗流浹背地在海邊拍完紅樹林植物，回程路上忽然閃過長約三尺的青草色的蛇。後方同行者問：「有毒嗎？」看牠一雙善良漆黑的大眼睛，知道是無毒的翠青蛇。

不少人會把有毒的青竹蛇跟沒毒的翠青蛇搞混。無辜的翠青蛇常被「點錯相」，遭「有殺錯冇放過」的行山客亂棍打死。雖然外形及顏色極端相似，但我們還是可憑著幾個特徵分辨牠們，如頭部：青竹蛇頭大呈三角形，翠青蛇頭呈橢圓形；如眼睛：青竹蛇眼呈紅或黃色，瞳孔細如貓眼，翠青蛇則有雙黑色大眼；又如身體鱗片：青竹蛇身體有白色側線，翠青蛇則欠奉。

「蛇」是古代先民崇拜的對象。《楚辭．天問》說「女媧有體，孰制匠之？」王逸注曰：「女媧人頭蛇身。」晉代王嘉《拾遺記》：「蛇身之神，即羲皇也。」相傳伏羲是其母與蛇所生的孩子，是蛇的後裔。從開天闢地的盤古到創始人類的女媧氏、伏羲、燭龍等，這些具有權力和神力的統治者都有共同特徵：人面蛇身，可見在中國傳統文化中「蛇」圖騰佔了極重要的一席位。

後來那翠青蛇掛在石頭上，鱗片涼涼地泛著微光，粉紅色的舌頭伸縮著。蛇的視力極差，沒有外耳，中耳也不發達，舌頭是重要的器官，用來偵測外界環境，搜尋獵物、配偶，或躲避敵害。

小小的翠青蛇也叫我想起徐克導演的電影《青蛇》。電影根據李碧華的同名小說《青蛇》改編，故事取材自中國著名民間傳說《白蛇傳》。傳說修煉百載的青蛇和白蛇化作艷麗女子倘佯人間，白蛇於西湖與許仙邂逅並結為夫妻，卻因端午佳節時飲下雄黃酒，露出原形。電影中的白素貞是修煉的白蛇，小青則為侍女青蛇，由兩大氣質美女王祖賢及張曼玉飾演；二蛇如影隨形，妖媚無限。小青混合了善妒、調皮、反叛、獨立等個性，成為蛇之經典。

四線石龍子

Blue-tailed Skink

學名 *Plestiodon quadrilineatus*

種類 爬行類

科名 石龍子科（Scincidae）

來源 原生

香港分佈 分佈於大嶼山、索罟群島、長洲及香港島的林地。

世界分佈 從華南到馬來半島北部

冰涼海風撲面。黃昏，天邊彩霞泛紫，在大嶼山二澳的海岸，我看見成熟的相思子（*Abrus precatorius*）植株，掛著乾枯的果，吐出中心血紅色的種子。王維說，「願君多採擷，此物最相思」，你卻必須謹記它同時含有大毒，美麗與傷害的程度猶如愛情。

我又走出一個小碼頭，狹窄小堤的盡頭是一面輕飄的旗。其時正值潮漲，海水上升，剛好覆蓋碼頭，水與路，若隱若現，進進退退，曖昧也猶如愛情。

天全黑，我把手電筒亮起。抬頭遠端是大澳的繁華小燈。我低頭專注眼前黑漆之路，忽然照出一隻逃遁的爬行動物，修長尾巴閃射彩藍光斑，是年幼的石龍子。

是四線或是藍尾石龍子我傻傻分不清，後來友人告訴我，據地點分佈而言大概是四線石龍子。四線石龍子的模式產地為香港，全長可達二十厘米，動作迅速，遇有風吹草動即沒入石堆或灌木叢中。其體色會因應不同年齡層而轉變。幼蜥尾巴藍色，背部有四條明顯的銀白色縱帶；隨著成長成熟，體背鮮明顏色及縱帶會漸漸褪去，彩藍尾巴也會變成褐色。

跟許多蜥蜴相似，四線石龍子也具有「斷尾自割」的求生策略。當隱蔽與逃跑策略失敗時，會以「斷尾自割」作為最後防線，在受攻擊後會在脊椎骨附近產生一連串的肌肉收縮，使得尾巴與身體斷裂分離。石龍子用斷離的尾部迷惑或轉移捕食者的視線，以提高成功逃脫的機率，但同時需為此承受多方面的代價：例如斷尾後會減緩生長速度、增加越冬死亡率，也會導致社會地位及交配成功率的降低。

或者到了生死攸關的最後關頭，牠還是會掉下美麗的藍色尾巴，願意割捨身體重要一部份，為求保命；而尾巴雖能重新長出，卻勢必留下明顯傷疤，無法還原當初完璧。與此同時，牠也終將學會潛隱，把幼年身體的天藍色徹底抹去，自此變得暗淡。

這也許就是所謂成長。

香港瘰螈
Hong Kong Newt

學名　*Paramesotriton hongkongensis*

種類　兩棲類

科名　蠑螈科（Salamandridae）

來源　原生

香港分佈　廣泛分佈於新界、大嶼山及香港島的山溪。

世界分佈　中國廣東省深圳市少數地區也有其蹤跡

保育狀況　受野生動物保護條例（第170章）保護
世界自然保護聯盟紅皮書：近危
Fellowes *et al.*（2002）：潛在全球性關注

中游的坡度突趨平緩，變成平坦而開闊的河谷。下午的太陽把雲推開，垂直地向河川投下光芒，幻化出水面鱗鱗細碎的光斑。

我跟吳美筠走下梯級，踩進水中，讓涼水掩蓋小腿；附近有不少正在開花的石菖蒲（*Acorus gramineus*），的確是理想的瘰螈生境了。「牠就在腳邊！」美筠忽然說，我馬上曲身一撈，迅速把深紅色的牠收到掌心。

牠掙扎反身，露出肚腹上的橙色斑點，鮮明的「警戒色」讓人留下深刻印象。這是鼎鼎大名的香港瘰螈——香港唯一的有尾兩棲類。

香港瘰螈的模式標本產地為香港島。全長約十四厘米，背中央及兩側都有明顯的突脊，前肢四趾，後肢五趾，趾間無蹼，主要以扁平的尾巴游泳；身體有泥土似的深啡「保護色」；腹部卻有橙色斑紋，「警告」捕食者牠們的皮膚含有毒素。

年幼時期完全生活於水中，並用外露的鰓呼吸。隨著成長，外鰓消失，長出肺部和四肢，變成能於陸上生活的成體，常出沒在山澗周邊的樹林，主要捕食蚯蚓、小魚、蝦及昆蟲幼蟲為生。在繁殖季節（秋至春），成年瘰螈會由陸地返回水池；雄性會搧動尾巴發出費洛蒙吸引雌性，所排出的精筴會由對方接收。成功交配後雌瘰螈會到水邊的石菖蒲叢中產卵。由於牠們愛在清澈山溪中棲息，一旦水源受到污染，便會面臨致命性的威脅。

香港瘰螈舊稱「香港蠑螈」，「蠑螈」於古籍中亦作「蠑蚖」。晚明著名曲家屠隆在其作品《曇花記》中寫道：「烏啼日落空山暝。走蠑蚖狐兔交并。樹葉鳴。人烟靜。殘陽古廟。藤竹亂縱橫。」空山之中，林蔭蔥鬱，日落烏啼，狐兔蠑蚖亂走……盡是肅殺的氣氛。

中國壁虎

Chinese Gecko

學名 *Gekko chinensis*

種類 爬行類

科名 壁虎科（Gekkonidae）

來源 原生

香港分佈 廣泛分佈於香港

世界分佈 分佈於中國福建、廣東、海南、廣西等地。

他站定，我以為看到花朵，他卻說「不是植物」。在我左方的山坡上有幾塊大石頭，有棱有角；夏日烈陽傾瀉下來，構成富戲劇性的強烈光影。我瞇眼細看，果見數隻暗色的小生物——三隻扁身的中國壁虎，寂靜地隱匿於石隙中，風紋不動，那一雙雙淺黃的眼睛，透放著異樣的光芒。

中國壁虎的模式產地在中國，全長約一百一十七至一百五十一毫米，指、趾基部間具蹼。體背褐色，體腹面淡肉色。四肢背面被小粒鱗，腹面被覆瓦狀鱗片。自吻部經眼至耳孔有一斷續的褐色縱紋，頭背、頸及軀幹背面、四肢及尾背面亦具褐色橫斑。

中國壁虎身體扁平，常棲息於野外或建築物的縫隙內。腳有趾盤，趾盤上有一列列成千上萬極密集的細毛，形成吸力，故能在平滑直壁，甚至天花板上穩定爬行。壁虎受驚會自斷尾巴，乃一種自我防護的求生機制，當敵人呆望地上斷肉，壁虎早已逃之夭夭。然而牠再生能力極強，不久之後，壁虎自斷之尾巴即能重生長回。

古時候，壁虎常守伏於宮牆屋壁以捕食蟲蛾，故舊稱「守宮」；後來人們見其動作敏捷如虎，又給牠「壁虎」之名。根據明代李時珍《本草綱目．守宮》記載，壁虎更有其他名字，如壁宮、蠍虎、蝘蜓等；而宋朝蘇軾更曾寫《蠍虎》詩：「黃雞啄蠍如啄黍，窗間守宮稱蠍虎。」

最神秘綺麗莫過於晉代張華《博物誌》中「守宮砂」傳說：點於肢體上的紅痣乃驗明女子貞操之守身標記。古人在暗房之中，把守宮養於器皿裡，飼以硃砂，守宮通體慢慢會變成赤色，食滿七斤後，將之殘忍地萬杵搗爛，把血碎點於女子手腳；此硃砂將終身不滅，惟房事以後，紅點會消褪，是以稱其為「守宮砂」。

讀著古老文字，我恍惚看到瀕死守宮猶如稚幼處女遭破身，扭曲身體，痛楚妖嬈。「守宮砂」是人為所加，而非女子天生；古代男人睨視被風揚起的寬闊衣袖，以不安分的眼睛在未婚女性身上尋找所謂「守宮砂」，從而推敲女人是否貞潔，顯示了舊世界的迷信與無知。

變色樹蜥

Changeable Lizard

學名	*Calotes versicolor*
種類	爬行類
科名	飛蜥科（Agamidae）
來源	原生
香港分佈	廣泛分佈於香港
世界分佈	分佈於印度、斯里蘭卡，以及雲南、廣東、廣西等地。

山上花兒開遍，不同品種的杜鵑輪流盛放，我們在初春四月，趕赴一場美好的杜鵑花盛宴。藍天白雲下是花、是樹、是石，香港安蘭（*Ania hongkongensis*）與香港杜鵑（*Rhododendron hongkongense*）冒出笑容，花瓣邊緣帶有瑩潤的露水。轉到狹小山谷，這次是樊善標教授眼力較好，把前方的我叫停；我回頭，原來他發現一隻變色樹蜥停駐石邊，正在氣宇軒昂地曬太陽。

變色樹蜥是香港郊野中最常見的野生蜥蜴，多在日間活動，在冬春溫度較低的日子，愛伏在石上讓陽光遍灑，令身體暖和。牠們拖著長度為身體兩倍長的尾巴，但有別於壁虎「斷尾自割」的特性，變色樹蜥的尾巴並不會在受到外力時自行脫落。

牠們擁有絕佳的保護色，體色棕灰，配上黑棕横斑，背部正中有一列直立鬣鱗。牠們略可變色，成年雄性在繁殖期時，頭部及上半身會變為鮮艷的橙紅色，以爭取雌性注意。

古人也察覺部份蜥蜴會變色：「身色無恆，日十二變」，牠們的善變予人以無限遐想。中國「上古三大奇書」之一的《易經》（另外兩本為《黃帝內經》及《山海經》），其哲學思想核心「易」，其實也是源自「蜥蜴的體色變化」；甲骨文中「易」字，本意亦是指「蜥蜴」的意思。

古人更認為蜥蜴與龍是近親，能夠興雲作雨；故夏旱時會以蜥蜴求雨，唐代甚至有「蜥蜴求雨歌」作為儀式歌曲。至宋代，有更多關於蜥蜴祈雨法的記載文獻：人們會捕捉數十蜥蜴並放到甕中，以雜木葉掩蓋牠們，再選十三歲以下童子二十八人，分兩組，晝夜不停地持柳枝沾水散灑，且歌且舞，直至雨足後才放歸蜥蜴。

我凝視變色樹蜥，想起科幻小説裡的「地球空心論」，也憶起南非部落有個世代相傳的傳説，指當地巨形石洞中住有「蜥蜴人」，並創建了文明；他們晝伏夜出，黑夜裡走出石洞，「放牧」羊群，日出前返回地底裡去。古今中外蜥蜴形象幻變無常，也許某天牠們忽然生出翅膀，便成為西方童話的飛龍，飛翔到雲端的城堡去……

大頭龜
Big-headed Turtle

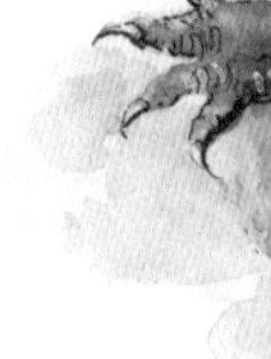

學名 *Platysternon megacephalum*

種類 爬行類

科名 平胸龜科(Platysternidae)

來源 原生

香港分佈 香港新界

世界分佈 分佈於中國中部及南部、緬甸、泰國及越南。

保育狀況 受保護瀕危動植物物種條例(第586章)保護
受野生動物保護條例(第170章)保護
世界自然保護聯盟紅皮書:極危
中國紅皮書:極危
Fellowes *et al.* (2002):全球性關注

在誠品書店的分享會後認識了《香港兩棲爬行類眾生相》作者蘇樂軒，聊了一陣子；他説想看蘭，我説我想看龜——不如就約到山中去吧。

天有濃雲，走在八月的山中，不涼也不熱。我們在草叢堆中尋到盛放的瑰麗蘭花，拍攝過後又走到水邊找龜。動物會走會逃，不一定能遇上，且看緣分。

我在這邊尋找，而樂軒蹲在另一邊。我低頭搜索了一會，就聽到他的聲音：「真的有啊。」我走過去，他問：「看到嗎？」沒有找龜經驗的我看了十數秒，也終於驚訝地掩著嘴巴答：「我看到了看到了！」我先是看到一片擁有奇怪葉柄的枯葉，葉柄末端卻是尖的——那當然不是真的葉柄，而是一隻大頭龜寶寶的長尾巴！牠還睜著黃澄澄的眼睛無辜地望著我。

大頭龜屬平胸龜科，身體呈極扁平狀，腹甲細小呈灰黃色，因為頭大，不能縮入龜殼之內。成龜背甲呈長形，可達二十厘米；爪發達，趾間有蹼；尾巴幼長並由鱗片覆蓋。大頭龜棲息於山中淺溪。牠的生長速度很慢，需要好幾年才達到繁殖下一代的成熟階段。在香港，非法捕獵是牠們面對的主要威脅。

數算龜甲盾片邊緣上的環紋，顯示了寶寶「一歲」的年齡。龜寶寶意欲逃走，我用手掌擋住前路，牠還張開鷹喙似的彎彎小嘴想咬人！可是稚齡的牠現在仍惡不出樣子來。大頭龜初生時底部龜板呈鮮橙色，隨著成長逐漸泛黃；成年後頭部變得巨大（雄龜尤其明顯）。「頭大大」感覺可愛，卻千萬別想摸摸牠，其咬合力驚人，直能把你的手指咬出血！

翻閱先秦古籍《山海經．南山經》，「旋龜」一段令我眼前一亮：「又東三百七十里，曰杻陽之山……怪水出焉，而東流注於憲翼之水。其中多玄龜，其狀如龜而鳥首虺尾，其名曰旋龜，其音如判木，佩之不聾，可以為底。」傳說南方有座杻陽之山，那裡有怪水從山中發源，向東流入憲翼之水。怪水裡有很多玄龜，曰「旋龜」，樣子像龜而有「鳥頭和蛇尾」……有說杻陽之山即為廣東省的鼎湖山，讓我幻想這古老的「旋龜」，可會就是現在的大頭龜乎？

短腳角蟾
Short-legged Toad

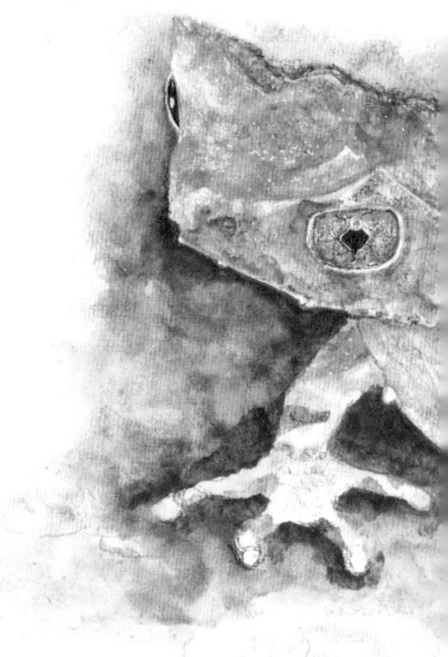

學名	*Megophrys brachykolos*
種類	兩棲類
科名	角蟾科(Megophryidae)
來源	原生
香港分佈	香港島、西貢、新界中部及大嶼山等地。
世界分佈	極可能爲香港特有種
保育狀況	世界自然保護聯盟紅皮書:瀕危
	Fellowes *et al.* (2002):潛在全球性關注

走進港島區一條僻澗，在山谷中抬頭，透過樹冠隱約見到附近高樓房，發現原始與文明竟是這樣近。源已盡，沒能找到想尋的花，回頭，卻見地面有小物晃動，背對著我，掩映於黃褐枯葉堆中，止步細察，是一隻微小的短腳角蟾。

角蟾科在本港有兩種，包括螢掌突蟾（*Leptolalax liui*）及短腳角蟾（*Megophrys brachykolos*）。短腳角蟾成體皮膚具有突出的細瘤粒，頭部後方兩眼之間有深色三角形斑紋，頭以下的後背具有明顯的「Y」形紋。而且名副其實，吻部突出之餘，眼睛上部亦具角狀突起物。

香港共記錄了二十五種兩棲類動物，當中「模式產地為香港」的有四種，計有香港瘰螈（*Paramesotriton hongkongensis*）、盧氏小樹蛙（*Liuixalus romeri*）、香港湍蛙（*Amolops hongkongensis*），以及短腳角蟾。短腳角蟾的模式標本產自太平山，全球分佈則極為狹窄——香港，也許是本種在全球僅存的惟一分佈點了。由於種群數量正面臨下降危機，世界自然保護聯盟（IUCN）已將之列為「瀕危」級別。

有關「角蟾」，中國古代的確有不少浪漫稀奇的傳說。東晉時期葛洪著有道教經典《抱朴子》，其中〈內篇〉曾介紹世上有五種不死靈藥：石芝、木芝、草芝、肉芝、菌芝，合稱「五芝」，其中「肉芝」就是指「萬歲蟾蜍」。

傳説中萬歲蟾蜍頭上有角，下巴以下部位有紅色標記，具神通，能「辟兵」。只要在五月五日午時捕捉牠，並將之陰乾百日，然後把蟾蜍左手帶在身上，即可避過兵器傷害；假如敵人向你射箭，更能「鬧住反彈無回頭」，箭矢會掉頭飛回放矢者身上。

現在，身形細小的牠跳走了，然後停在大石之下，發出短促尖鋭的鳴叫聲，在偌大的森林，尋找被牠歌聲所吸引的、與之有緣的伴侶。

大綠蛙

Green Cascade Frog

學名　*Odorrana chloronota*

種類　兩棲類

科名　赤蛙科（Ranidae）

來源　原生

香港分佈　廣泛分佈於香港的山溪

世界分佈　中國、柬埔寨、印度、老撾、緬甸、泰國及越南。

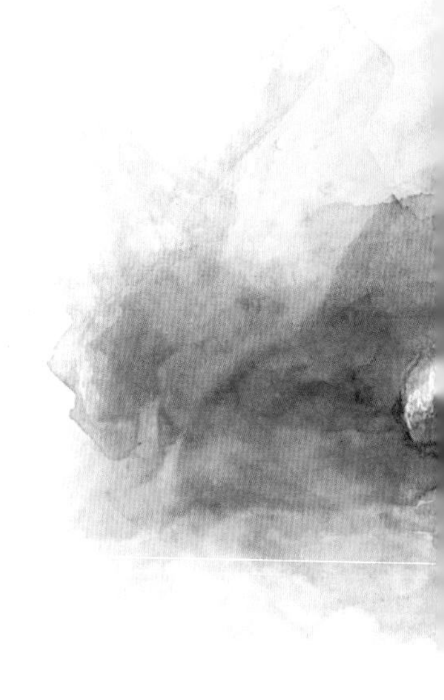

累時我們會躺睡石頭上，有一刻我想起奧克塔維奧．帕斯（Octavio Paz）的詩：「我來到盡頭。/門都已關緊/而天使，卸下了武器睡覺。」

世界倒轉，景色顛倒迴異，於是，我確實也有點入迷，愛上那些落在逝水中的幻象倒影了。樹葉垂下，影影綽綽，我睜開睡眼，看見他匍伏並以手肘支身，正專注拍攝我身邊的苗芽，快門的聲音清脆猶如狩獵。

我們順沿溪水而下，追逐花鳥魚蟲。哦，他興奮地說看到青蛙。我走過去，原來是一隻背向我們的大綠蛙。大綠蛙為臭蛙屬下之一種，全世界約有五十種，分佈於亞洲亞熱帶和熱帶地區。中國已知約二十二種，主要分佈於秦嶺以南各地。

大綠蛙特徵為背部呈鮮綠色，有不規則的褐色斑塊；四肢呈淺棕色，足趾具吸盤，用作抓緊石頭，好讓自己不被水流沖走；眼睛以下位置有一道淺色橫帶；在受干擾或受威脅時，皮膚能分泌帶有臭味的毒液，以嚇退捕獵者。雄雌大綠蛙體形差異極大，雌蛙比雄性大足足一倍。繁殖期為五月至七月。

「青塘無店亦無人，只有青蛙紫蚓聲。」雄性大綠蛙咽側有外聲囊一對，在春夏季節盡情鳴唱，發出求偶歌聲以吸引雌蛙青睞；恍若單音節的小鳥細叫，可愛至極。

大綠蛙經常坐於山間溪流岸邊石上或草叢中，受驚擾時即跳入水中。我們漸漸接近，牠跳了一步，卻也未走，便趕緊為牠拍下不同角度的照片。

炎夏時經常頭痛，從什麼時候起我開始模仿他以澗水洗髮？坐起來搧著髮端剔透的水，他又説：「妳看！」我正疑惑，他便笑著把我攬進懷中：「妳看，這石頭上有一對眼睛凝視我們呵。」我挨著他寬厚的肩微笑，輕輕唸起詩：「在裡頭，那花園：糾纏的樹葉，/石頭的呼息恍若活生生的……」

沼蛙
Gunther's Frog

學名	*Hylarana guentheri*
種類	兩棲類
科名	赤蛙科（Ranidae）
來源	原生
香港分佈	廣泛分佈於香港
世界分佈	華中至華南、台灣及越南均有記錄。

剛開始時雨點像微涼的纖毛，一絲絲貼到臉上來。其後雨勢轉大，我不得不打起傘，獨自屈坐在澗邊靜待雨停。「能繼續走下去嗎？」我問自己。太陽頃刻間又展露笑臉，我繼續雀躍地往上溯，然而不久又復下雨。

我被迫再次停下並張開傘，坐著呆等。不遠處是一株秀英耳草（*Hedyotis shiuyingiae*），葉面油亮，白色花朵早被雨點掃落，而落花旁邊竟停著一隻淺棕色的蛙，正好跟我對望。

那是蹤跡遍佈全港，能適應多種生境的沼蛙。牠身長約七厘米，背部棕褐色，從側面看過去，能看見黑色褶線；鼓膜大而明顯，並鑲有白邊；皮膚光滑，富含分泌腺，受驚時能分泌大量黏液。

相對於翠綠醒目的大綠蛙、聲線迷人的花狹口蛙、輪廓可愛的花細狹口蛙，樸素的沼蛙確實不算漂亮。但牠勝在適應力甚強，安分地落戶於多種生境，如池塘、農田及低地溪澗中。繁殖期為五月到八月，常躲在水草間，日以繼夜地發出「屋、屋、屋」的鳴叫。

沼蛙又名「貢德氏赤蛙」，於是我想起一篇叫《赤蛙》的日本文學作品。日本作家島木健作（一九〇三至一九四五）生於札幌，十五歲開始寫短歌及散文，參與過農民運動，也曾入獄，主要作品有《生活的探求》、《滿洲紀行》等。一九四四年秋天，他因胸部疾患前往修善寺長期療養，在桂川上游散步時看到一隻赤蛙，心生同病相憐的強烈感情，寫下病中最後之作《赤蛙》。

那是一隻渴望跳到沙洲彼岸的赤蛙；儘管一次接一次因失敗而落入水中，卻依舊懷著「知其不可而為之」的氣概奮勇向上。雖然牠無法抵抗自然力量，最終被巨大洪流所捲走，然而那份奇妙的勇敢與執迷，深深地感動了島木和身為讀者的我……好，雨漸漸停了，於是我也收起雨傘，跟作品中的赤蛙一樣，以肅穆的心情繼續逆流而上。

香港湍蛙

學名	*Amolops hongkongensis*
種類	兩棲類
科名	赤蛙科 (Ranidae)
來源	原生
香港分佈	分佈於新界及港島區山澗
世界分佈	廣東南部
保育狀況	受野生動物保護條例 (第 170 章) 保護 世界自然保護聯盟紅皮書 : 瀕危 Fellowes *et al.* (2002) : 潛在全球性關注

在澗中尋找香港秋海棠（*Begonia hongkongensis*），未見花容，先有蛙影；一個閃動的小東西在石邊流竄。我急停在澗中心，凝視湍急流水中一塊濡濕的深灰色石頭；四周是巨大的流水聲，一隻細小湍蛙安安定定地伏在水上兩吋的位置。牠擁有與岩石相似的保護色，此天賦可助牠避開獵食者的偵測，在危機中嚴密地隱藏自己。

由於香港擁有多種不同的生境，兩棲動物種類十分豐富，中國原產的兩棲動物中，約百分之七可以在香港找到。香港湍蛙屬中型蛙，身長約四至六厘米，身體扁平，身形修長，逐漸向尾部收窄；腳趾有大而明顯的吸盤，能緊緊吸附在傾斜的石面上。

香港湍蛙於一九五〇年在大帽山被首次發現，一年後生物學家 **Pope** 和 **Romer** 將牠確定為科學上的新物種，並以「香港」命名。香港湍蛙生活於新界和港島區的大小山澗，然而在世界上分佈不廣泛，僅在香港及廣東省南部發現其蹤影。牠於世界自然保護聯盟的《瀕危物種紅色名錄》中被列作「瀕危」級別。

現時香港共有兩種湍蛙——香港湍蛙和華南湍蛙（*Amolops ricketti*）；俱棲息在湍急溪流附近，以捕食小昆蟲為生。自 **Pope** 及 **Romer** 發現香港湍蛙後，幾十年來「香港湍蛙」一直被視為湍蛙屬在港分佈的唯一物種；直至二〇〇三年，生物學家在離島大嶼山的山澗發現另一種湍蛙，物種形態上與香港湍蛙明顯不同，經鑑定後證實為華南湍蛙。

溪水滾滾奔流，眼前的小湍蛙依舊不動如山，斑駁如石的體色、趾尖發達的吸盤，讓牠們可在嚴苛但較少競爭的環境中奮勇生存。獨特的身體構造適應特殊環境，香港湍蛙，的確是能夠應付急流生活的堅強品種。

附錄一　動物保護條例及機構介紹

《野生動物保護條例》

為了保護本港的野生動物及牠們的棲息地，政府在一九七六年頒佈及實施《野生動物保護條例》（香港法例第170章），以執行存護野生動物及其相關的工作。

《野生動物保護條例》內容：www.elegislation.gov.hk/hk/cap170

何種野生動物受法例保護？

所有在《野生動物保護條例》附表2中列明的動物都是受法例保護的，任何人如干犯法例，一經定罪，最高可被判罰款十萬元及入獄一年。

《野生動物保護條例》附表2：www.elegislation.gov.hk/hk/cap170/sch2

國際自然保護聯盟

國際自然保護聯盟（International Union for Conservation of Nature and Natural Resources, IUCN），是一個國際組織，乃目前世界上最大、最重要的世界性保護聯盟，致力於尋找解決當前迫切環境與發展問題的實用解決方式。

國際自然保護聯盟瀕危物種紅色名錄（IUCN 紅色名錄）

根據嚴格準則去評估數以千計物種及亞種的絕種風險所編製而成。準則根據物種及地區釐定，旨在向公眾及決策者反映保育工作的迫切性，並協助國際社會避免物種滅絕。這是全球動植物物種保護現狀最全面的名錄，每年評估數以千計物種的絕種風險，並將之編入九個不同的保護級別：

滅絕（EX）
野外滅絕（EW）
極危（CR）
瀕危（EN）
易危（VU）
近危（NT）
無危（LC）
數據缺乏（DD）
未評估（NE）

附錄二 Footprint！地上留下神秘的哺乳類動物足跡

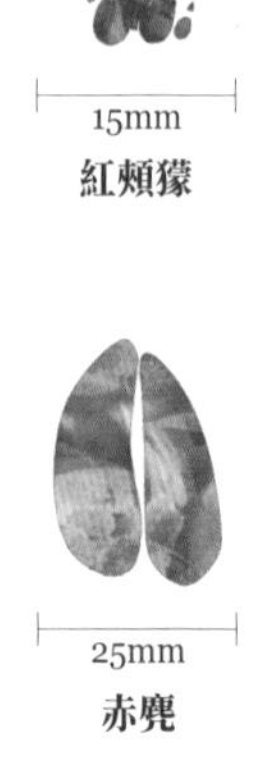

15mm

紅頰獴

10-12mm

鼠類

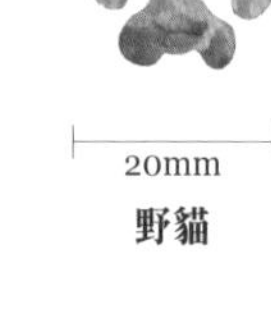

25mm

赤麂

20mm

野貓

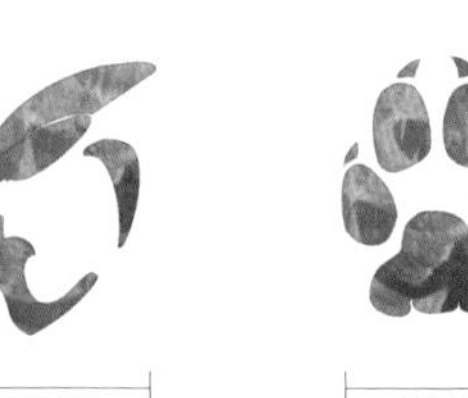

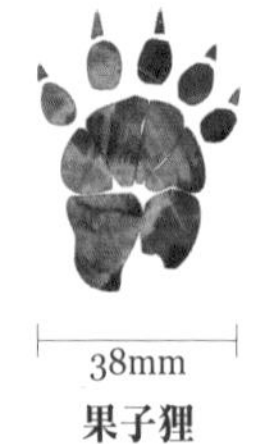

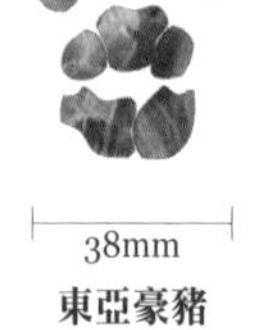

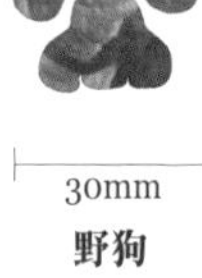

38mm

果子狸

38mm

東亞豪豬

32mm

穿山甲

30mm

野狗

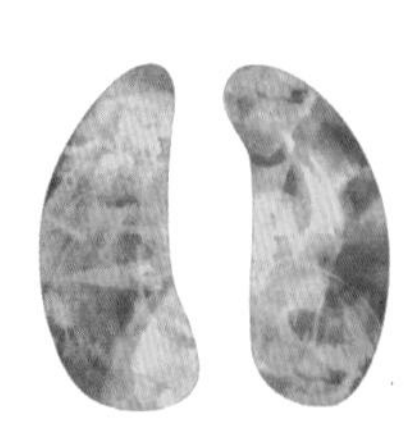

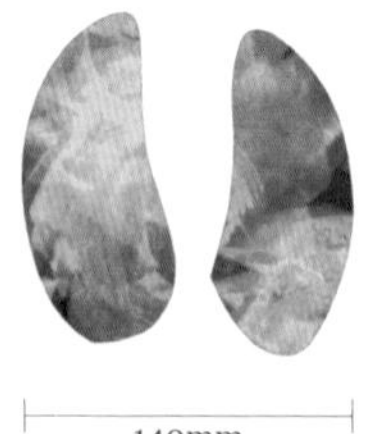

150mm

水牛

140mm

黃牛

57mm

野豬

51mm

獼猴

注：參考《香港陸上哺乳動物圖鑑》一書

附錄三　鳥類生活習性

猛禽
性情凶猛，擅飛翔，有強勁的嘴和腳爪，如鷹和隼。

涉禽
腿特別長，常在濕地涉水覓食，如鷸和鷺鳥。

游禽
腳短而趾間有蹼，擅於游泳及潛水，如鴨和鸊鷉。

鳴禽
擅於鳴唱及築巢，如鶯和燕。

陸禽
翅膀短，擅於奔走，如鳩和原鴿。

攀禽
不擅長距離飛行，但擅於攀木，如鸚鵡。

附錄四　鳥類遷徙習性

留鳥：全年在本地逗留及繁殖
冬候鳥：冬季時來度冬
夏候鳥：夏季時來度夏
過境遷徙鳥：在春或秋季遷徙途中，以本地作「中途站」，短暫停留。
迷鳥：由於天氣惡劣或者其他自然原因，偏離自身遷徙路線，出現在原本不應該出現的區域。

附錄五　鳥喙形狀與作用

上彎
便於在水中或泥面左右掃動以覓食。

匙狀
在水中張開嘴及左右擺動，觸碰獵物時即把嘴合上。

筆直粗壯
善刺啄，能直襲獵物。

扁平
便於撈取水中動植物

寬闊
能張開嘴巴飛翔，捕食空中昆蟲。

下彎
便於插入泥中探覓食物

鉤狀
嘴短呈鉤狀，能撕開獵物。

圓錐
擅於咬碎果實及剝開種子外殼。

附錄六 如何分辨兩棲類及爬行類動物？

兩棲類動物	爬行類動物
進行體外受精	進行體內受精（精子及卵子於雌性體內結合）
兩棲類蝌蚪無法脫離水而生存	幼體可以脫離水域生活
體表沒有鱗片	身體披有乾旱而角質化的鱗片，使身體水份不容易因蒸發而流失。
兩棲類蝌蚪用鰓呼吸，長大後經歷「變態過程」，長出肺部和四肢。	爬行類主要以肺呼吸

附錄七 青蛙的生命週期

1. 卵：青蛙在淺水的池塘產卵

2. 蝌蚪：小蝌蚪破卵而出後可自行游泳，以腮呼吸。

3. 長大：蝌蚪長出小小的後腿，然後長出前腳，期間仍然保留尾巴。蝌蚪的呼吸系統跟成蛙不同，變態過程中，蝌蚪由用腮轉成用肺呼吸。

4. 成蛙：大部份時間離開水中，轉到濕地生活。

附錄八　具致命毒素的陸棲毒蛇！必須謹記樣子！

香港有十四種原生陸棲毒蛇，其中八種具可致命毒素：

銀腳帶
（*Bungarus multicinctus multicinctus*）

金腳帶
（*Bungarus fasciatus*）

眼鏡王蛇
（*Ophiophagus hannah*）

眼鏡蛇
（*Naja atra*）

注：參考香港漁農自然護理署網頁

越南烙鐵頭
（*Ovophis tonkinensis*）

烙鐵頭
（*Protobothrops mucrosquamatus*）

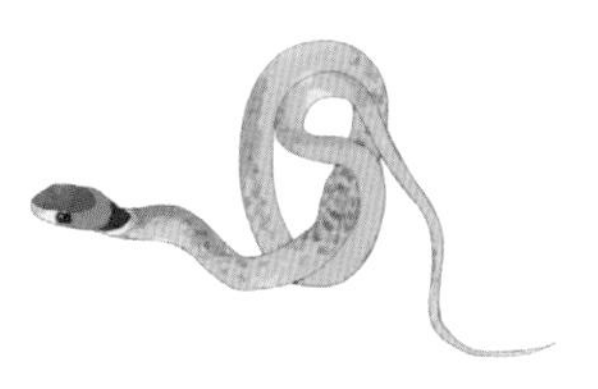

紅脖游蛇
（*Rhabdophis subminiatus helleri*）

珊瑚蛇
（*Sinomicrurus macclellandi*）

有毒，但毒素非致命：
青竹蛇（*Trimeresurus albolabris*）
紫沙蛇（*Psammodynastes pulverulentus*）
繁花林蛇（*Boiga multomaculata*）
黑斑水蛇（*Enhydris bennettii*）
中國水蛇（*Enhydris chinensis*）
鉛色水蛇（*Enhydris plumbea*）

參考資料

1. 石仲堂，《香港陸上哺乳動物圖鑑》：天地圖書，二〇〇六年。
2. 香港觀鳥會，《香港鳥類圖鑑》：萬里書店，二〇一〇年。
3. Stephen J. Karsen, Michael Wai-neng Lau, Anthony Bogadek: *Hong Kong Amphibians and Reptiles*, Urban Council, 1986.
4. 陳堅峰、張家盛、賀貞意、林峰毅、鄧詠詩，《追蹤蛇影——香港陸棲毒蛇圖鑑》：天地圖書，二〇〇六年。
5. 韓學宏，《唐詩鳥類圖鑑》：貓頭鷹出版社，二〇〇三年。
6. 韓學宏，《鳥類書寫與圖像文化研究》：文津出版社，二〇一一年。
7. 黃正謙導讀，《山海經》：中信出版社，二〇一五年。
8. 商務編輯部，《詩經》：商務印書館，二〇〇四年。
9. 蘇樂軒，《香港兩棲爬行類眾生相》：香港自然探索學會，二〇一五年。
10. 呂德恒、陳燕明，《探索鳥類——觀鳥入門及香港鳥類圖錄》：香港自然探索學會，二〇一二年。
11. 漁護署，《蛙蛙世界——香港兩棲動物圖鑑》：天地圖書，二〇〇五年。
12. 《中國動物志》：科學出版社，一九九七年。
13. 漁農自然護理署網頁：www.afcd.gov.hk/cindex.html
14. 香港生物多樣性訊息系統：www.nature.edu.hk/about-hkbis
15. IUCN 紅色名錄官方網站：www.iucnredlist.org

葉曉文（Human Ip）

香港作家。曾獲青年文學獎小說公開組冠軍。亦為畫家，繪畫及文字作品散見於報章及雜誌。著有短篇小說集《殺寇》。愛好自然郊野，近年投身自然書寫，二〇一四及二〇一六年出版圖文著作《尋花——香港原生植物手札》及《尋花2——香港原生植物手札》。二〇一六年舉辦首次個人畫展《花未眠》。現為尋花工作室 FloreScence 主理人；亦跟機構及學校合作，舉辦如講座、野外導賞、創作坊等活動。

尋牠

香港野外動物手札

葉曉文 繪著

責任編輯 趙寅
書籍設計 蔡蕾、李嘉敏

出版 三聯書店（香港）有限公司
香港北角英皇道四九九號北角工業大廈二十樓
Joint Publishing（Hong Kong）Co., Ltd.
20/F., North Point Industrial Building,
499 King's Road, North Point, Hong Kong

香港發行 香港聯合書刊物流有限公司
香港新界荃灣德士古道二二〇至二四八號十六樓

印刷 中華商務彩色印刷有限公司
香港新界大埔汀麗路三十六號十四字樓

版次 二〇一七年九月香港第一版第一次印刷
二〇二四年四月香港第一版第三次印刷

規格 三十二開（130mm × 185mm）二三二面

國際書號 ISBN 978-962-04-4243-8

三聯書店
http://jointpublishing.com

JPBooks.Plus
http://jpbooks.plus